普通高等教育"十三五"规划教材

电路原理实验指导书

主编　孟繁钢

参编　曲　强　贾玉福　吴文冰　华 山

U0315833

北 京

冶金工业出版社

2023

内 容 提 要

本书按照高等学校电路原理课程教学的要求,结合作者多年来从事理论教学和实践教学经验编写而成。书中内容充分结合工程实际的需求,精选了 19 个实验项目。每个实验项目分为基础要求和扩展要求两部分,突出体现对学生实践能力和创新能力的培养,内容覆盖电路原理课程范围,实验难度循序渐进、阶梯上升,可满足不同层次的创新型和应用型人才培养的需求。

本书为高等学校电类专业教材,也可供相关专业师生参考。

图书在版编目(CIP)数据

电路原理实验指导书/孟繁钢主编. —北京:冶金工业出版社,2019.7(2023.2 重印)

普通高等教育"十三五"规划教材

ISBN 978-7-5024-8154-4

Ⅰ.①电… Ⅱ.①孟… Ⅲ.①电路理论—实验—高等学校—教材 Ⅳ.①TM13-33

中国版本图书馆 CIP 数据核字(2019)第 144785 号

电路原理实验指导书

出版发行	冶金工业出版社		电　话	(010)64027926
地　址	北京市东城区嵩祝院北巷 39 号		邮　编	100009
网　址	www.mip1953.com		电子信箱	service@ mip1953.com

责任编辑　宋　良　郭冬艳　美术编辑　吕欣童　版式设计　孙跃红　禹　蕊
责任校对　石　静　责任印制　禹　蕊
北京建宏印刷有限公司印刷
2019 年 7 月第 1 版,2023 年 2 月第 3 次印刷
880mm×1230mm　1/32;5.375 印张;159 千字;166 页
定价 18.00 元

投稿电话　(010)64027932　投稿信箱　tougao@cnmip.com.cn
营销中心电话　(010)64044283
冶金工业出版社天猫旗舰店　yjgycbs.tmall.com
(本书如有印装质量问题,本社营销中心负责退换)

前　　言

电路原理实验是与电路原理理论课程教学相配套的实践教学环节，通过设计性、综合性和创新性实验，向学生展示电路的基本原理以及设计技巧，提高学生设计电路、调试电路、利用电路解决实际问题的能力，为学生学习本专业知识和从事本专业工作提供必要的电路原理知识基础和实验技能。

书中的实验是辽宁科技大学相关教师多年实践教学工作经验的整理与总结，并结合企业的实际需求设计实验内容。实验内容覆盖电路原理课程范围，实验难度循序渐进，阶梯上升，全部实验均已用于我校相关专业的实际教学，经过多年的实验教学论证，满足对不同层次的创新型和应用型人才培养的需求，适合于普通高等学校电类专业使用。

本书具有以下特点：

第一、在教学理念上，针对学生学习能力的不同因材施教，安排较多的综合性、设计性实验，为学有余力的学生留出发展个性的空间。每个实验内容分为基本实验和扩展实验，鼓励学生挑战难度大的实验。

第二、在教学内容安排上，增加了仿真实验，鼓励学生自行设计电路，并进行仿真验证。

第三、为了学生预习方便，在每个实验项目上都标出验证性实验或者设计性实验及参考实验学时，以供教师和学生参考。

全书内容由孟繁钢组织并统稿，其中实验二、实验七、实验十一及附录由曲强编写，实验十二、实验十四、实验十五由贾玉福编写，实验五、实验九、实验十六由吴文波编写，其余实验由孟繁钢编写。

在编写过程中，得到辽宁科技大学电信学院孙红星教授、陈志斌教授的支持和指导；还得到鞍钢未来钢铁研究院教授级高工张岩主任的指导与帮助，提出很多意见和建议，将企业的需求融入实验项目中。在此对他们的帮助一并表示衷心的感谢。

在编写过程中，参考了相关文献，在此对文献作者表示诚挚的谢意。

本书的编写、出版工作，得到了辽宁科技大学教材建设基金的资助。

由于编者水平有限，书中难免存在缺点和疏漏，恳请读者批评指正。

作　者

2019 年 4 月

于辽宁科技大学

目　录

目录

实验一 元件伏安特性的测量

验证性实验（计划学时：2 学时）

一、实验目的

（1）掌握几种元件伏安特性的测试方法。

（2）掌握应用伏安特性判定电路元件类型的方法。

（3）学习常用直流电工仪表和设备的使用方法。

二、实验仪器设备

电工电子系统实验装置。

三、实验原理与说明

（1）在电路中，电路元件的特性一般用该元件上的电压 U 与通过元件的电流 I 之间的函数关系 $U = f(I)$ 来表示。这种函数关系称为该元件的伏安特性。对于电源来说，电源电压 U 与通过电源的电流 I 之间的函数关系称为外特性。即电源的外特性是指它的输出端电压和输出电流之间的关系。通常这些伏安特性用 U 和 I 分别作为纵坐标和横坐标绘成曲线，称做元件的伏安特性曲线或电源的外特性曲线。

（2）本实验中所用元件为线性电阻、白炽灯泡、一般半导体二极管整流元件及稳压二极管等常见的电路元件，其中线性电阻的伏安特性是一条通过原点的直线，如图 1-1（a）所示。该直线的斜率等于该电阻的数值。

白炽灯泡在工作时灯丝处于高温状态，其灯丝电阻随着温度的改变而改变，并且具有一定的惯性，又因为温度的改变是与流过的电流有关，所以它的伏安特性为一条曲线，如图 1-1（b）所示。由图可见，电流越大温度越高，对应的电阻也越大。一般灯泡的"冷电阻"与"热电阻"可相差几倍至十几倍，一般半导体二极管整流元件也是非线性元件，当正向运用时，其外特性如图 1-2（a）所示。稳压二极管是一种特殊的半导体器件，其正向伏安特性类似普通二极管，但其反向伏安特性则较特别。如图 1-2 (b) 所示，在反向电压开始增加时，其反向电流几乎为零，但当电压增加到某一数值时（一般称稳定电压），电流突然增加，以后它的端电压维持恒定不再随外加电压升高而增加。这种特性在电子设备中有着广泛的应用。通过测量元件的伏安特性可判定电阻元件的类型。

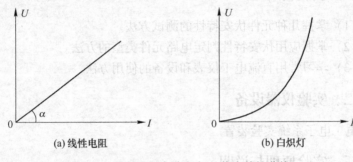

(a) 线性电阻　　　　　　　　　　(b) 白炽灯

图 1-1　线性电阻与白炽灯的伏安特性曲线

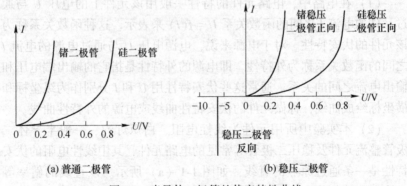

(a) 普通二极管　　　　　　　　　　(b) 稳压二极管

图 1-2　半导体二极管的伏安特性曲线

（3）理想电压源（直流稳压电源可看成近似的理想电压源）的输出电压不随输出电流的变化而变化，其伏安特性如图 1-3 (a) 所示；理想电流源（直流稳流电源可看成近似的理想电流源）的输出电流不随输出电压的变化而变化，其伏安特性如图 1-3 (b) 所示。

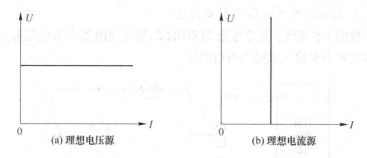

图 1-3　理想电压源与理想电流源的伏安特性曲线

四、实验内容与步骤

（一）基本要求

1. 测量线性电阻的伏安特性曲线

按图 1-4 接线，用全电阻为 600Ω 的滑动变阻器作为电位器，取被测电阻 $R=1kΩ$。

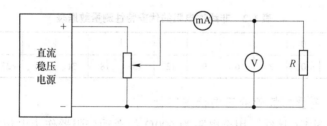

图 1-4　测量线性电阻的伏安特性曲线的实验电路

先将直流稳压电源的输出电压调节到 10V，将电位器的滑动端滑到最下端，使电位器的输出电压为零。然后接通电源，逐渐向上滑动电位器的滑动端，同时观察电压表，使电阻 R 的电压逐渐升高，根据表 1-1 调节电压并读取对应的电流。测量数据填入表 1-1 中。

表 1-1　线性电阻的伏安特性测量数据表

I/mA	0					
U/V	0	2	4	6	8	10

2. 测量非线性电阻的伏安特性

按图 1-5 接线，用全电阻为 600Ω 的滑动变阻器作为电位器，非线性电阻为实验装置提供的白炽灯。

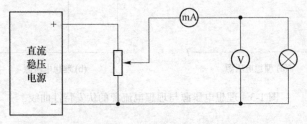

图 1-5   测量非线性电阻的伏安特性的实验电路

先将直流稳压电源的输出电压调节到 30V，将电位器的滑动端滑到最下端，使电位器的输出电压为零。然后接通电源，逐渐向上滑动电位器的滑动端，同时观察电压表，使非线性电阻（白炽灯）的电压逐渐升高，根据表 1-2 调节电压并读取对应的电流。测量数据填入表 1-2 中。

表 1-2   非线性电阻的伏安特性测量数据表

I/mA	0										
U/V	0	3	6	9	12	15	18	21	24	27	30

3. 测量二极管的正向伏安特性

按图 1-6 接线，用全电阻为 600Ω 的滑动变阻器作为电位器，二极管为实验装置提供的锗二极管（注意锗二极管的极性），取限流电阻 $R=200Ω$。

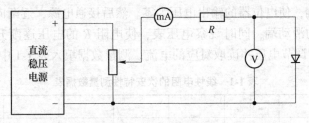

图 1-6   测量二极管的正向伏安特性的实验电路

先将直流稳压电源的输出电压调节到 5V，将电位器的滑动端滑到最下端，使电位器的输出电压为零。然后接通电源，逐渐向上滑动电位器的滑动端，同时观察电压表，使二极管的电压逐渐升高。电压值可在 0~0.75V 之间取值，特别是在 0.5~0.75V 之间应多取几个测量点，同时观察电流表，注意电流表电流值不要超过 40mA，测量数据填入表 1-3 中。

表 1-3　二极管的正向伏安特性测量数据表

I/mA	0								
U/V	0								

4. 测量二极管的反向伏安特性

按图 1-7 接线，用全电阻为 600Ω 的滑动变阻器作为电位器，二极管为实验装置提供的锗二极管（注意锗二极管的极性）。

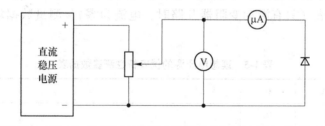

图 1-7　测量二极管的反向伏安特性的实验电路

先将直流稳压电源的输出电压调节到 30V，将电位器的滑动端滑到最下端，使电位器的输出电压为零。然后接通电源，逐渐向上滑动电位器的滑动端，同时观察电压表，使二极管的反向电压逐渐升高。首先初测二极管反向特性的拐点，在拐点周围应多取几个测量点，同时观察电流表（注意电流表量程，超量程可换成毫安表）。测量数据填入表 1-4 中。

表 1-4　二极管的反向伏安特性测量数据表

$I/\mu\mathrm{A}$	0						
U/V	0						

（二）扩展要求

1. 测量理想电压源的伏安特性

按图 1-8 接线，取限流电阻 $R = 500\Omega$，用全电阻为 600Ω 的电阻器作为滑动变阻器，调节直流稳压电源输出电压为 10V。

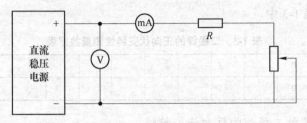

图 1-8　测量理想电压源的伏安特性的实验电路

首先将滑动变阻器的滑动端滑到最大电阻值，然后接通电源，逐渐减小滑动变阻器的电阻，电路电流逐渐增加，同时观察电流表和电压表（只有滑动变阻器开路时，电流为零）。测量数据填入表 1-5 中。

表 1-5　理想电压源的伏安特性测量数据表

I/mA	0					
U/V	10					

2. 测量实际电压源的伏安特性

按图 1-9 接线，取电阻 $R = 500\Omega$，直流稳压电源与电阻 R 串联模拟组成实际电压源，用全电阻为 600Ω 的电阻器作为滑动变阻器，调节直流稳压电源输出电压为 10V。

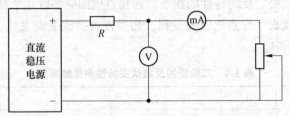

图 1-9　测量实际电压源的伏安特性的实验电路

　　先将滑动变阻器的滑动端滑到最大电阻值，然后接通电源，逐渐减小滑动变阻器的电阻，电路电流逐渐增加，同时观察电流表和电压表（只有滑动变阻器开路时，电流为零）。测量数据填入表1-6中。

表1-6　实际电压源的伏安特性测量数据表

I/mA	0					
U/V	10					

　　3. 测定理想电流源的伏安特性

　　按图1-10接线，用全电阻为600Ω的电阻器作为滑动变阻器，调节直流稳流电源输出电流为10mA。

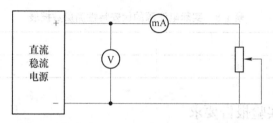

图1-10　测定理想电流源的伏安特性的实验电路

　　先将滑动变阻器的滑动端滑到零，然后接通电源，逐渐增加滑动变阻器的电阻，滑动变阻器电压逐渐增加，同时观察电流表和电压表（只有滑动变阻器短路时，电压为零）。将所测数据填入表1-7中。

表1-7　理想电流源的伏安特性测量数据表

I/mA	10					
U/V	0					

　　4. 测量实际电流源的伏安特性

　　按图1-11接线，取电阻 $R = 500Ω$，直流稳流电源与电阻 R 并联模拟组成实际电流源，用全电阻为600Ω的电阻器作为滑动变阻器，调节直流稳流电源输出电流为10mA。

　　先将滑动变阻器的滑动端滑到零，然后接通电源，逐渐增加滑

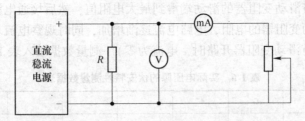

图 1-11　测量实际电流源的伏安特性的实验电路

动变阻器的电阻，滑动变阻器的电压逐渐增加，同时观察电流表和电压表（只有滑动变阻器短路时，电压为零）。将所测数据填入表1-8 中。

表 1-8　实际电流源的伏安特性测量数据表

I/mA	10				
U/V	0				

五、实验报告要求

（1）用坐标纸分别绘制电压源、电流源外特性以及各元件的伏安特性曲线。

（2）分析比较各种曲线的特点，根据伏安特性曲线判断各元件的性质。

（3）分析测量误差原因。

（4）总结实验中的经验和体会。

（5）回答思考题。

六、思考题

（1）测定二极管的伏安特性曲线时，为什么测二极管正向特性时必须电流表外接，测二极管反向特性时必须电流表内接？

（2）测量非线性电阻的伏安特性和测量理想电源端口特性时，电路都必须串联一定量值的电阻，它们在电路中起什么作用，可以没有吗？

七、注意事项

（1）在通电前，要将电压源的输出调为零，稳压电源输出应由小到大逐渐增加。在实验过程中，直流稳压电源不能短路。

（2）合理选择仪表量程，切勿使仪表超量程。

（3）绘制特性曲线时，要注意合理选取坐标比例。

实验二　基尔霍夫定律与替代定理

验证性实验（计划学时：2 学时）

一、实验目的

（1）加深对基尔霍夫定律及替代定理的理解。

（2）用实验数据验证基尔霍夫定律和替代定理。

（3）熟练掌握仪器仪表的使用技术。

二、实验仪器设备

电工电子系统实验装置。

三、实验原理与说明

（一）基尔霍夫定律

基尔霍夫定律是电路理论中最基本的定律，它阐明了电路整体结构必须遵守的规律，应用极为广泛。

基尔霍夫定律有两条：一是电流定律，二是电压定律。

（1）基尔霍夫电流定律（简称 KCL）：对任意结点，在任意时刻，流入该结点所有支路电流的代数和为零（或：流入结点的电流等于流出结点的电流）。

KCL 是电荷守恒和电流连续性原理在电路中任意结点处的反映，是对结点处支路电流施加的约束，与支路上接的是什么元件无关，与电路是线性还是非线性无关。KCL 方程是按电流参考方向列写的，与电流实际方向无关。KCL 可推广应用于电路中包围多个结点的任一闭合面。

（2）基尔霍夫电压定律（简称 KVL）：任一时刻，任一回路，沿任一绕行方向，所有支路电压的代数和恒等于零。

KVL 的实质反映了电路遵从能量守恒，是对回路中的支路电压施加的约束，与回路各支路上接的是什么元件无关，与电路是线性还是非线性无关。KVL方程是按电压参考方向列写的，与电压实际方向无关。

替代定理：对于给定的任意一个电路，若某一支路电压为u_k、电流为i_k，那么这条支路就可以用一个电压等于u_k的独立电压源，或者用一个电流等于i_k的独立电流源，或用$R = u_k/i_k$的电阻来替代。替代后电路中全部电压和电流均保持原有值。

（二）电流插头与电流插孔的使用

在测量电流时，要用到电流表。由于每个实验台只准备一块电流表，而电流表需要串联在电路中，不方便随时取下，因此，在实验室测量电流时，通常采用电流插头与电流插孔配合使用。如图2-1为电流插头和电流插孔的结构。

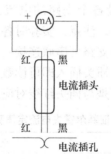

图2-1　电流插头与电流插孔的结构

电流插孔是常闭的金属弹簧片。电流插头是绝缘的插头引出的两根导线，一红一黑。

需要测量电流时，将电流插孔串联到需要测量的支路中。电流插孔正常是闭合的，对电路没有影响。将电流插头接到电流表上，需要测量哪个支路的电流时，就将电流插头插到该支路的电流插孔中，电流表则串联到该支路上，其显示的数值就是该支路的电流。

四、实验内容与步骤

（一）基本要求

1. 验证基尔霍夫电流定律

（1）按照图2-2所示实验线路接线：取电阻$R = 1k\Omega$。

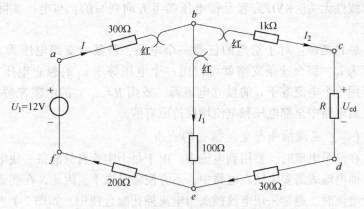

图 2-2　验证基尔霍夫电流定律实验电路图

（2）按照表 2-1 测量各个支路的电流，将测量结果填入表 2-1 中，并与计算值进行比较。注意，实验时各条支路电流及总电流用电流表测量，在接线时每条支路可串联连接一个电流表插口，测量电流时只要把电流表所连接的插头插入即可读数。但要注意插头连接时极性，插口一侧有红点标记是与插头红线对应。

表 2-1　验证基尔霍夫电流定律测量数据表

项　目	支　路　电　流		
	I	I_1	I_2
计算值			
测量值			

（3）根据图 2-2 中标出的电流方向，计算出结点 b 及 e 点的电流和，并且计算出误差。数据填入表 2-2 中。

表 2-2　测量电流误差计算数据表

项　目	结　　点	
	b	e
$\sum I$（计算值）		
$\sum I$（测量值）		
绝对误差 ΔI		

2. 验证基尔霍夫电压定律

（1）按照表 2-3 测量各个支路的电压，将测量结果填入表 2-3 中，并与计算值进行比较，计算出误差。

表 2-3　验证基尔霍夫电压定律测量数据表

项　目	电　压					
	U_{ab}	U_{bc}	U_{cd}	U_{de}	U_{be}	U_{ef}
计算值						
测量值						

（2）按照表 2-4 中给定的各个回路，计算出各个回路的电压和，并对计算值进行比较，计算出误差。数据填入表 2-4 中。

表 2-4　测量电压误差计算数据表

项　目	回　路		
	abefa	*bcdeb*	*abcdefa*
$\sum U$（计算值）			
$\sum U$（测量值）			
绝对误差 ΔU			

（二）扩展要求

（1）按照图 2-3 所示实验线路接线：*cd* 间电阻 *R* 用电压源代替，

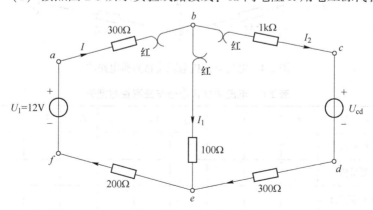

图 2-3　电压源替代电阻支路实验电路图

电压源电压等于电阻电压 U_{cd}。按照表 2-5 测量各个支路的电流和电压，将测量结果填入表 2-5 中。

表 2-5　电压源替代电阻支路测量数据表

项　目	I	I_1	I_2	U_{ab}	U_{be}	U_{cd}	U_{de}	U_{be}	U_{ef}
计算值									
测量值									
绝对误差 Δ									

（2）按照图 2-4 所示实验线路接线：cd 间电阻 R 用电流源代替，电压源电压等于电阻电流 I_2。按照表 2-6 测量各个支路的电流和电压，将测量结果填入表 2-6 中。

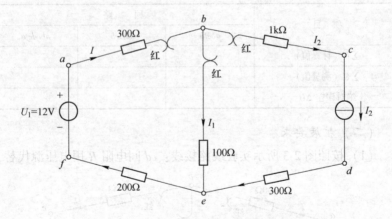

图 2-4　电流源替代电阻支路实验电路图

表 2-6　电流源替代电阻支路测量数据表

项　目	I	I_1	I_2	U_{ab}	U_{be}	U_{cd}	U_{de}	U_{be}	U_{ef}
计算值									
测量值									
绝对误差 Δ									

五、实验报告要求

（1）完成实验测试、数据列表，根据实验测量结果得出结论。

（2）根据电路参数计算出各支路电流及电压，计算结果与实验测量结果进行比较，说明误差原因。

（3）小结对基尔霍夫定律和替代定理的认识。

（4）总结实验收获和体会。

（5）回答思考题。

六、思考题

（1）对于非线性电路，基尔霍夫定律是否适用，怎样用实验方法验证？

（2）在替代定理中，如果在理想电流源支路串联一个 $1k\Omega$ 电阻，对测量结果会有什么影响？

实验三　叠加定理与齐性定理

验证性实验（计划学时：2 学时）

一、实验目的

(1) 学习掌握常用电工仪表的使用方法。

(2) 理解参考方向在电路中的作用。

(3) 通过实验来验证线性电路中的叠加定理和齐性定理。

二、仪器设备

电工电子系统实验装置。

三、实验原理与说明

叠加定理和齐性定理都是体现线性电路本质的重要定理。从数学上看，叠加定理和齐性定理的本质是线性方程的可加性（叠加定理）和齐次性（齐性定理）。

叠加定理：在线性电路中，某处电压或电流都是电路中各个独立电源单独作用时，在该处分别产生的电压或电流的叠加。

独立电源单独作用是指每一个独立电源作用，其余独立电源为零。如果是电压源为零，为短路；如果是电流源为零，为断路。

值得注意的是，功率与独立电源的源电压和源电流不是线性关系，所以功率不能直接用叠加定理，但可以用叠加定理分别得出电压、电流后，再计算功率。

齐性定理：在线性电路中，当所有激励（独立电压源和独立电流源）都同时增大或缩小 K 倍（K 为实常数）时，响应（电压或电流）也将同样增大或缩小 K 倍。

需要注意的是，如果电路中有多个激励，必须全部激励同时增大或缩小 K 倍，否则将导致错误结果。显然，当电路中只有一个激励时，响应与激励成正比。

四、实验内容与步骤

（一）基本要求

1. 验证叠加定理

实验电路如图 3-1 所示。

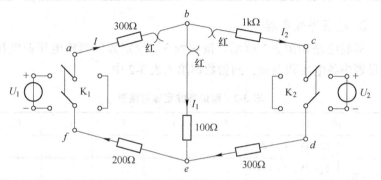

图 3-1　验证叠加定理实验电路图

（1）先调节好电压源 $U_1 = 12V$，$U_2 = 6V$。

（2）按图 3-1 接线。K_1 合向电源侧（K_1 合向左边），K_2 合向短路侧（K_2 合向左边，U_1 单独作用），根据表 3-1，测量各电压和电流，数据填入表 3-1 中。

（3）K_2 合向电源侧（K_2 合向右边），K_1 合向短路侧（K_1 合向右边，U_2 单独作用），根据表 3-1，测量各电压和电流，测量数据填入表 3-1 中。

（4）K_1、K_2 都合向电源侧（K_1 合向左边，K_2 合向右边，U_1、U_2 共同作用），根据表 3-1，测量各电压和电流，测量数据填入表 3-1 中。

表 3-1　验证叠加定理数据表

项　　目		U_{ab}	I_{ab}	U_{bc}	I_{bc}	U_{be}
实际测量值	U_1 单独作用					
	U_2 单独作用					
	U_1、U_2 共同作用					

续表 3-1

项　　目		U_{ab}	I_{ab}	U_{bc}	I_{bc}	U_{be}
理论 计算值	U_1 单独作用					
	U_2 单独作用					
	U_1、U_2 共同作用					

2. 验证齐性定理

实验电路如图 3-1 所示。按照表 3-2 给定数值调整电压源电压，测量表中各电压和电流，测量数据填入表 3-2 中。

表 3-2　验证齐性定理数据表

项　　目		U_{ab}	I_{ab}	U_{bc}	I_{bc}	U_{be}
实际 测量值	$U_1 = 4\text{V}$，$U_2 = 2\text{V}$					
	$U_1 = 8\text{V}$，$U_2 = 4\text{V}$					
	$U_1 = 12\text{V}$，$U_2 = 6\text{V}$					
理论 计算值	$U_1 = 4\text{V}$，$U_2 = 2\text{V}$					
	$U_1 = 8\text{V}$，$U_2 = 4\text{V}$					
	$U_1 = 12\text{V}$，$U_2 = 6\text{V}$					

（二）扩展要求

验证非线性元件不适用叠加定理。按图 3-2 接线（在图 3-1 电路中的 bc 支路连接非线性元件二极管）。

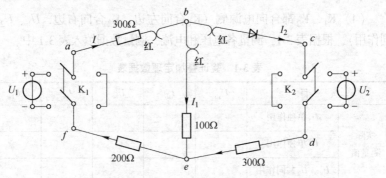

图 3-2　验证非线性元件不适用叠加定理实验电路图

　　电源电压及测量步骤与基本要求相同，重新测量各电压和电流数据，填入表 3-3 中。

表 3-3　验证非线性元件不适用叠加定理数据表

项　　目	U_{ab}	I_{ab}	U_{bc}	I_{bc}	U_{be}
U_1单独作用					
U_2单独作用					
U_1、U_2共同作用					

五、实验报告要求

　　（1）完成实验测试、数据列表；根据实验测量结果得出结论。

　　（2）根据叠加定理及电路参数，计算出 U_1 单独作用，U_2 单独作用，U_1、U_2 共同作用时各支路电流及电压；计算结果与实验测量结果进行比较，说明误差原因。

　　（3）根据齐性定理及电路参数计算出给定电源电压 U_1 和 U_2 在各种数值时的电流及电压；计算结果与实验测量结果进行比较，说明误差原因。

　　（4）总结实验收获和体会。

　　（5）回答思考题。

六、思考题

　　（1）如果电源含有不可忽略的内电阻与内电导，实验中应如何处理？

　　（2）如果电路中含有受控电源，叠加定理是否成立，受控电源如何处理？

七、注意事项

　　（1）电压和电流要采用关联参考方向。测量电压、电流时，不但要读出数值来，还要判断实际方向。

　　（2）合理选择仪表量程，切勿使仪表超量程。

实验四　电压源与电流源的等效变换

验证性实验（计划学时：2 学时）

一、实验目的

（1）了解理想电流源与理想电压源的外特性。

（2）验证电压源与电流源互相进行等效转换的条件。

二、仪器设备

电工电子系统实验装置。

三、原理与说明

（1）在电路理论中，如果电源的电压与输出电流无关，始终保持不变，这种电源称为理想电压源。理想电压源接上负载后，当负载变化时，其输出电压保持不变，其电路图符号及外特性曲线如图 4-1（a）所示。除理想电压源之外，还有一种电源，电源的电流与输出电压无关，始终保持不变，这种电源称为理想电流源。理想电流源在接上负载后，当负载电阻变化时，该电源供出的电流能维持不变，其电路图符号及其外特性曲线如图 4-1（b）所示。

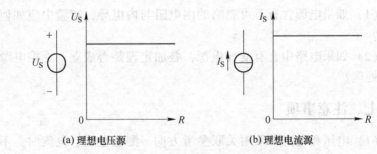

(a) 理想电压源　　　　　(b) 理想电流源

图 4-1　电路图符号及其特性曲线

在工程实际中，绝对的理想电源是不存在的，但有一些电源其外特性与理想电源极为接近，因此，可以近似地将其视为理想电源。需要说明的是，理想电压源与理想电流源是不能互相转换的。

（2）一个实际电源，就其外部特性而言，既可以看成是电压源，又可以看成是电流源。实际电流源用一个理想电流源 I_S 与一电导 G_0 并联的组合来表示，如图 4-2（b）所示。实际电压源用一个理想电压源 E_S 与一电阻 R_0 串联组合来表示，如图 4-2（a）所示。它们向同样大小的负载供出同样大小的电流，而电源的端电压也相等，即电压源与其等效电流源有相同的外特性。

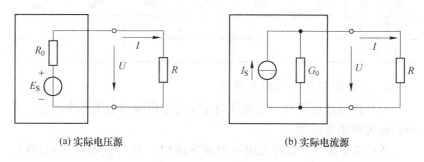

(a) 实际电压源　　　　　　　　　　(b) 实际电流源

图 4-2　理想电压源与理想电流源转换原理图

一个电压源与一个电流源相互进行等效转换的条件为：

$$I_S = E_S/R_0,\ g_0 = 1/R_0 \quad 或 \quad E_S = I_S/G_0,\ R_0 = 1/G_0$$

四、实验内容与步骤

（一）基本要求

1. 测量理想电流源的外特性

本实验采用的电流源，当负载电阻在一定的范围内变化时（即保持电流源两端电压不超出额定值），电流基本不变，即可将其视为理想电流源。

按图 4-3 接线，将理想电流源调节到 15mA。R 为电阻箱（×100Ω），改变电阻箱电阻值，从而可测得理想电流源的外特性。将测量数据填入表 4-1 中。

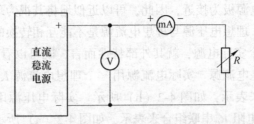

图 4-3　测量理想电流源的外特性实验电路图

表 4-1　理想电流源的外特性测量数据表

电阻 R/Ω	0	100	300	500	700	900
电流 I/mA	15					
电压 U/V						

2. 测量理想电压源的外特性

当外接负载电阻在一定范围内变化时电源输出电压基本不变，可将其视为理想电压源。

按图 4-4 接线，将理想电压源调节到 8V。R 为电阻箱（×1kΩ），改变电阻箱电阻值，从而可测得理想电压源的外特性（电阻开路时阻值无穷大）。将测量数据填入表 4-2 中。

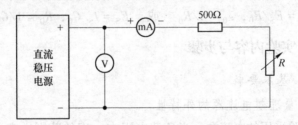

图 4-4　测量理想电压源的外特性实验电路图

表 4-2　理想电压源的外特性测量数据表

电阻 $R/\text{k}\Omega$	1	3	5	7	9	∞
电流 I/mA						
电压 U/V						8

3. 验证实际电压源与电流源等效转换的条件

将理想电流源并联一个电阻，就形成一个实际电流源。

实验接线如图 4-5 所示。将电流源调到 $I_S = 15\text{mA}$，然后与电导 G_0（$G_0 = 1/R_0$，取 $R_0 = 500\Omega$）并联，就构成了一个实际电流源。将该电流源接至负载电阻箱 R（×1kΩ），改变电阻箱的电阻值，即可测出该实际电流源的外特性。测量数据填入表 4-3 中。

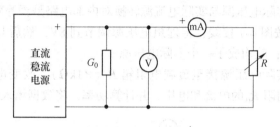

图 4-5　测量实际电流源的外特性实验电路图

表 4-3　实际电流源的外特性测量数据表　　　$I_S =$ 　　；$G_0 =$

电阻 $R/\text{k}\Omega$	0	1	3	5	7	9	∞
电流 I/mA							
电压 U/V							

根据等效转换的条件，将电压源的输出电压调至 $E_S = I_S R_0$，并串接一个电阻 R_0，从而构成一个实际电压源，如图 4-6 所示。将该电压源接到负载电阻箱 R，改变电阻箱的电阻值，即可测出该电压源的外特性。测量数据填入表 4-4 中。

在两种情况下，负载电阻 R 值相同时，可比较是否具有相同的电压与电流，就可以判断是否等效。

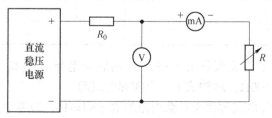

图 4-6　测量实际电压源的外特性实验电路图

表 4-4　实际电压源的外特性测量数据表　　$E_S =$ 　　；$R_0 =$

电阻 $R/\text{k}\Omega$	0	1	3	5	7	9	∞
电流 I/mA							
电压 U/V							

（二）扩展要求

研究实际电压源与实际电流源转换对内部电路是否等效。

（1）按图 4-7 接线，将理想电压源调节到 8V，然后与电阻 $R_0 =$ 500Ω 串联，就构成了一个实际电压源。

将该实际电压源接至负载电阻箱 R（×1kΩ），改变电阻箱电阻值，测量内阻 R_0 的电流和电压，并计算功率，将数据填入表 4-5 中。

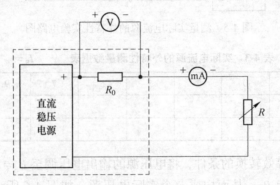

图 4-7　研究实际电压源内部电压与电流关系实验电路图

表 4-5　实际电压源的内阻测量数据表　　$E_S =$ 　　；$R_0 =$

电阻 $R/\text{k}\Omega$	0	1	3	5	7	9	∞
电流 I/mA							
电压 U/V							
功率 P/W							

（2）将电流源调到 $I_S = 15\text{mA}$，然后与电导 G_0（$G_0 = 1/R_0$）并联，取 $R_0 = 500\Omega$，就构成了一个实际电流源。

将该实际电流源接至负载电阻箱 R（×1kΩ），改变电阻箱的电阻值，即可测出该实际电流源的外特性。实验接线如图 4-8 所示。测量

内阻 G_0 的电流和电压，并计算功率。将所读数据填入表 4-6 中。

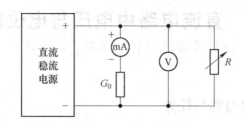

图 4-8　研究实际电流源内部电压与电流关系实验电路图

表 4-6　实际电流源的内阻测量数据表　　　　E_S =　　　；R_0 =

电阻 R/kΩ	0	1	3	5	7	9	∞
电流 I/mA							
电压 U/V							
功率 P/W							

根据测量结果研究实际电源对内是否等效。

五、实验报告要求

（1）用坐标纸分别绘制理想电压源、理想电流源、实际电压源、实际电流源的外特性曲线。

（2）根据电路参数计算出各个电阻下的电流、电压。将计算结果与实验测量结果进行比较，根据实验结果，验证电压源和电流源是否等效。

（3）如果存在误差，分析测量误差原因。

（4）总结实验收获和体会。

（5）回答思考题。

六、思考题

试从实验线路中说明，电压源和电流源的输出端发生短路时，对电源的影响有何不同？

实验五　直流电路中电压与电位的研究

设计性实验（计划学时：4 学时）

一、实验内容与任务

（一）基本要求

（1）设计出一个实验电路。该实验电路须满足以下要求：

1）含有两个电压源或两个电压源一个电流源；

2）含有四个以上结点；

3）含有五个以上电阻；

4）具有两个以上等电位点；

5）各个支路电流要小于 50mA，大于 2mA。

根据设计要求设计实验电路。确定各电源的规格、数量和放置位置。确定各支路电阻及电源的规格。运用仿真软件对设计的实验电路进行仿真，焊接实验电路。

（2）研究电位与电压的关系。利用设计的实验电路设计分析电位与电压的关系的方案。确定实验步骤，设计测量数据表格，利用测量数据研究讨论电位、电压之间的关系。

选取一个回路，绘出回路的电位图，分析电位图的特点。

（二）扩展要求

（1）将其中一个电阻支路用一个电流源替代，电流源电流为该支路电流。重新测量各点电位及各顺序两点间电位差（参考点不变，自拟表格）。

（2）将其中一个电阻支路用一个电压源替代，电压源电压为该支路两端电压。重新测量各点电位及各顺序两点间电位差（参考点不变，自拟表格）。

（3）根据测量结果验证替代定理。

二、实验过程及要求

（1）自学预习电阻的选择与计算、电路的设计方法及焊接的相关知识。自学预习仿真软件。

（2）学习基尔霍夫定律、替代定理等内容，应用所学知识，根据给定条件设计电路参数。

（3）设计完成后，要经过仿真实验验证设计结果是否正确，然后再组成实验电路进行实验操作。

（4）在进行分析研究实验时，要根据题目要求合理设计方案、实验步骤及测量数据表格。测试完成后，分析研究测试数据，得出实验结论。

（5）在测量数据时，要合理选择测试点，并将测量数据与仿真结果进行比较。如果存在误差，分析误差原因，确定解决方案。

（6）根据测量数据验证替代定理。

（7）完成每项实验任务后，要向指导教师报告。指导教师根据实验测量数据和观察操作过程，给出实验操作成绩。

三、相关知识及背景

（1）实验涉及知识。直流电路中的电位、参考点及电压的概念及替代定理的相关知识，电阻的计算与选择的相关知识，实验测量的相关知识，运用仿真软件的相关知识。

（2）实验运用的方法。测量的基本方法、电路的设计方法。

（3）实验提高的技能。电路的元器件的选择与识别技能、实验操作技能。

四、实验目的

（1）通过设计电路，掌握电路的设计原则和设计方法。

（2）加深理解电位、电位差（电压），电位参考点及电压、电流参考方向的意义。

（3）通过实验证明电路中各点电位的相对性，电压的绝对性，等位点的公共性。

（4）加深理解基尔霍夫定律和替代定理。

（5）掌握利用计算机分析问题解决问题的方法。

五、实验教学与指导

（一）实验原理

1. 电压与电位的关系

一个由电动势和电阻元件构成的闭合回路中，必定存在电流的流动。电流是正电荷在电势作用下沿电路移动的集合表现，并且人们习惯规定正电荷是由高电位点向低电位点移动的。因此，在一个闭合电路中，各点都有确定的电位关系。但是，电路中各点的电位高低都只能是相对的，必须在电路中选定某一点作为比较点（或称参考点），如果设定该点的电位为零，则电路中其余各点的电位就能以该零电位点为准进行计算或测量。在一个确定的闭合电路中，各点电位高低虽然相对参考点电位的高低而改变，但任意两点间的电位差（电压）则是绝对的，它不会因参考点电位变动而改变。

2. 电位图

对于一个回路，如果电位作为纵坐标，电路中各点位置（电阻）作为横坐标，将回路中各点的电位在坐标平面中标出，并把标出点按顺序用直线相连接，就是电路的电位图。每段直线即表示两点间电位变化的情形。直线的斜率即为该支路的电流，从电位图可以明显地看出回路中各点电位的高低，还能知道回路中各支路电流的大小。

例如在图 5-1 电路中，选定 a 点为电位参考点，如图 5-2 所示。从 a 点开始顺时针方向作图。以 a 点置坐标原点，自 a 至 b 的电阻为 R_3，在横坐标上取 R_3 单位比例尺得 b 点，因 b 点的电位是 φ_b，作出 b' 点；因 a 点（0 点）的电位 $\varphi_a = 0$，所以 $\varphi_b - \varphi_a = \varphi_b = -IR_3$，电流方向自 a 至 b，a 点电位应较 b 点电位高，但 $\varphi_a = 0$，所以 φ_b 是负电位。$0b'$ 直线即表示电位在 R_3 中的变化情形。直线的斜率表示电流的大小。自 b 至 c 为电池，如果内电阻忽略，则 b 至 c 将升高一电位，其值等于 E_1，即 $\varphi_c - \varphi_b = E_1$，$\varphi_c = \varphi_b + E_1 = E_1 - IR_3$。因为电池无内阻，故 b 点与 c 点合一，而直线自 b' 垂直上升至 c'，$b'c' = E_1$。以

此类推，可绘出完整的电位变化图。显见，沿回路一周，终点与起点同为 a 点，可见沿闭合回路一周所有电位升相加总和必定等于所有电位降相加总和。如果把 a 点电位升高（或降低）某一数值，则电路中各点电位也变化同样的值，但两点间电位差仍然不变。当然，在电路中选任何点作参考点都可，不同参考点所作电位图形是不同的，但说明电位变化的规律则是一样的。

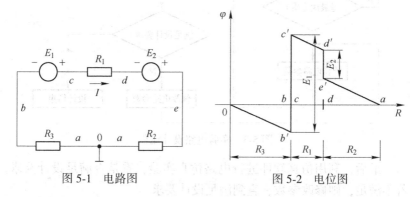

图 5-1　电路图　　　　　　　　图 5-2　电位图

3. 替代定理

对于给定的任意一个电路，若某一支路电压为 u_k、电流为 i_k，那么这条支路就可以用一个电压等于 u_k 的独立电压源，或者用一个电流等于 i_k 的独立电流源，或用 $R = u_k / i_k$ 的电阻来替代。替代后电路中全部电压和电流均保持原有值。

（二）实验方案

1. 实验电路设计

实验电路设计按照图 5-3 所示流程图进行。

首先，根据实验任务设计出电路方案（拓扑图），可多设计几种方案，选择其中最优的。

注意：要求有两个以上等电位点。在设计拓扑图时要考虑，如对称的拓扑图就容易存在等电位点。

然后，选择各个支路的电阻。在选择电阻时，首先要计算电阻的阻值，通常选用标称规格。选择电阻时，除了选择阻值外，还要计算电阻的功率，一般选择功率应比计算值略大一些。

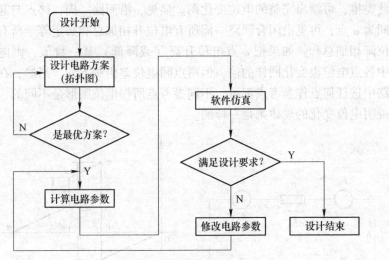

图 5-3　实验电路设计流程

最后，利用仿真软件进行电路仿真实验，看是否满足设计要求。若不满足，则修改参数，直到满足设计要求。

在设计电阻值时，利用仿真软件在仿真软件上进行设计，更加方便快捷。

2. 电位与电压的研究

选择不同的参考点，分别测量实验电路的电位和电压。测量电位的方法为：将电压表的负表笔接到参考点，正表笔所测量的数值就是该点的电位。测量电压的方法为：将电压表的两个表笔分别接到两点，所测量的数值就是两点的电压。根据不同的参考点测量的电位和电压的数据，即可判断得出电位的相对性和电压的绝对性。

六、实验报告要求

（1）记录实验名称、班级、姓名、学号、同组人员等基本信息。

（2）写出实验的目的和意义。

（3）写出实验使用的仪器设备名称及材料数量（清单）。

（4）写出根据实验内容与任务完成的实验电路的设计方案及方案论证。并写出设计过程与步骤，以及对实验电路参数进行计算与选择和对实验电路进行的仿真分析。

（5）列出测量各支路电流和元件电压的测量数据表格，写出对实验数据进行的分析、讨论验证基尔霍夫定律。

（6）写出研究电位与电压关系时的测量数据，及对测量数据进行分析讨论得出的结论。绘制回路的电位图，分析讨论电位图的特点。

（7）写出对数据记录与处理的过程，包括实验时的原始数据、分析结果的计算以及误差分析结果等。

（8）根据测量数据验证替代定理。

（9）写出对实验的自我评价。总结实验的心得、体会，并提出建议。

七、思考题

（1）如何计算含有电流源的电路的电位？

（2）在测量电位时，直流电压表的负极应该接在何处？

实验六　戴维南定理、诺顿定理及最大功率传输定理

验证性实验（计划学时：2 学时）

一、实验目的

（1）掌握线性有源一端口网络等效参数的测量方法，深化对戴维南定理和诺顿定理的理解。

（2）研究戴维南定理、诺顿定理和电源的等效变换。

（3）掌握直流电路中功率匹配的条件。

二、仪器设备

电工电子系统实验装置。

三、原理与方法

（一）实验原理

（1）任何一个线性网络，如果只研究其中的一个支路的电压和电流，则可将电路的其余部分看作一个含源一端口网络。而任何一个线性含源一端口网络对外部电路的作用，可用一个等效电压源来代替。该电压源的电动势 E_S 等于这个含源一端口网络的开路电压 U_{OC}，其等效内阻 R_S 等于这个含源一端口网络中各电源均为零时（电压源短接，电流源断开）无源一端口网络的入端电阻 R_{eq}。这个结论就是戴维南定理，如图 6-1 所示。

如果用等效电流源来代替，其等效电流 I_S 等于这个含源一端口网络的短路电流 I_{SC}，其等效内电导等于这个含源一端口网络各电源均为零时无源一端口网络的入端电导 G_{eq}。这个结论就是诺顿定理，如图 6-2 所示。

（2）等效的含义是对于图 6-1 和图 6-2 中的两个线性有源一端口网络的外特性曲线完全相同。

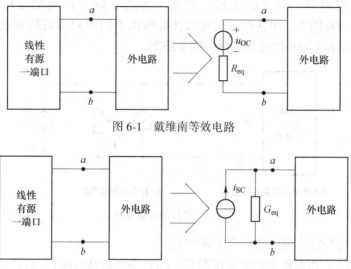

图 6-1　戴维南等效电路

图 6-2　诺顿等效电路

（3）应用戴维南定理和诺顿定理时，被变换的一端口网络必须是线性的，可以包含独立电源或受控源，但是与外部电路之间除直接联系外，不允许存在任何耦合，例如通过受控电源的耦合或者磁的耦合（互感耦合）等。外部电路可以是线性的、非线性的或时变元件，也可以是由它们组成的网络。

（4）对于已知的线性有源一端口网络等效参数，可以从原网络计算得出，也可以通过实验手段测出。下面介绍几种测量开路电压和等效电阻的方法。

（二）测量方法

1. 测量开路电压 U_{OC}

方法一：直接测量法。

当有源一端口网络的等效电阻 R_V 与电压表的内阻 R_V 相比可以忽略不计时，可以用直流电压表直接测量开路电压。

方法二：补偿法。

如果有源一端口网络的等效电阻 R_{eq} 与电压表的内阻 R_V 相比不能忽略不计时，R_V 的接入会改变被测电路的工作状态，给测量结果带来一定误差。为了解决这个问题，这里介绍一种测量电压的方法——补偿法。用这种方法可以排除电压表内阻对测量所造成的影响。图 6-3 为补偿法测量电压的电路图。

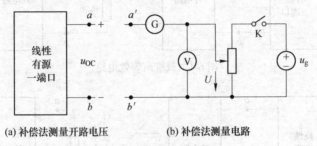

(a) 补偿法测量开路电压　　　　　(b) 补偿法测量电路

图 6-3　补偿法测量电压

用补偿法测量电压的步骤如下：

（1）用电压表初测电压图 6-3（a）中的开路电压 U_{ab} 的值，然后调节图 6-3（b）中补偿电路中的分压器，使电压表显示的值近似等于 U_{ab}。

（2）将 a'、b' 与 a、b 对应相接，再细调补偿电路中分压器的输出电压 U，使检流计 G 的指示为零。这个情况说明两点事实：第一，因为没有电流通过检流计 G，表明 a'、a 两点电位相同，说明电压表所指示的电压 U 等于被测电压 u_{OC}；第二，因为没有电流流过检流计 G，表明补偿电路的接入并没有影响到被测电路。

2. 测量等效内阻 R_{eq}

方法一：开路短路法。

测量 a、b 端的开路电压 U_{OC} 及其短路电流 I_{SC}，则等效内阻由 $R_{eq} = \dfrac{U_{OC}}{I_{SC}}$ 计算。此法适用于等效内阻 R_{eq} 较大，而且短路电流不超过电源额定电流的情况，否则容易烧坏电源。

方法二：外加电压法。

把有源一端口网络中所有独立电源置零，然后在端口处外加一给定电压 U，测得输入端口的电流 i，则等效内阻由 $R_{eq} = \dfrac{U}{i}$ 计算。

方法三：二次电压法。

测量电路如图 6-4 所示，首先断开开关 K，测量 a、b 的开路电压 u_{OC}；然后闭合开关，在 a、b 端接一已知电阻 R_L，并再次测量 a、b 的端电压 U_L。则等效内阻由 $R_{eq} = \left(\dfrac{U_{OC}}{U_L} - 1 \right) R_L$ 计算。

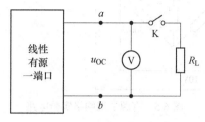

图 6-4　二次电压法

（三）说明

由戴维南定理可知，一个实际的电源或线性有源一端口网络，不管它的内部具体电路如何，都可以等效为一个理想电压源和一个电阻相串联的支路。最大功率传输定理是指一个实际的电源或线性有源一端口网络外接一个负载电阻，当负载电阻 R_L 等于电源内阻 R_{eq}（或线性有源一端口网络等效电阻）时，负载电阻获得的功率最大。最大功率 $P_{max} = \dfrac{U_{OC}^2}{4R_L}$。式中，$U_{OC}$ 为理想电压源电压。

四、实验内容与步骤

（一）基本要求

（1）按图 6-5 接线，组成一个有源二端网络；改变负载电阻 R，测量有源二端网络的外特性。特别注意要测出 $R = \infty$ 及 $R = 0$ 时的电压和电流，数据填入表 6-1 中。

（2）测量有源二端网络的开路电压 U_{OC}。利用直接测量法，$R = \infty$ 时（负载开路）U_{AB} 的电压，即为开路电压 U_{OC}。

（3）测量有源二端网络的等效内阻 R_{eq}。利用开路短路法，$R = \infty$ 时（负载开路）U_{AB} 的电压与 $R = 0$ 时的电流 I_S（短路电流）之比，

即为等效内阻 R_{eq}。

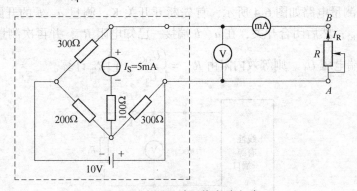

图 6-5　有源二端网络实验电路

表 6-1　有源一端口网络外特性测量数据

R/Ω	0										∞
U_{AB}/V											
I_R/mA											

（4）组成戴维南等效电路。利用稳压电源和电阻箱组成如图 6-6 所示的戴维南等效电路。电源电压为有源二端网络的开路电压 U_{OC}，电阻为有源二端网络的等效内阻 R_{eq}。

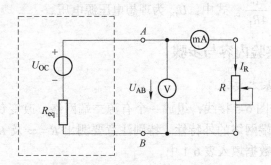

图 6-6　验证戴维南定理实验电路

改变负载电阻 R 测量戴维南等效电路的外特性。特别注意要测出 $R=\infty$ 及 $R=0$ 时的电压和电流，测量数据填入表 6-2 中。

表 6-2　戴维南等效电路外特性测量数据

R/Ω	0	100	200	300	400	500	600	700	800	900	∞
U_{AB}/V											
I_R/mA											

（5）组成诺顿等效电路。利用稳流电源和电阻箱组成如图 6-7 所示的诺顿等效电路。电源的输出电流为有源二端网络的短路电流 I_{SC}，电阻为有源二端网络的等效内阻 R_{eq}。

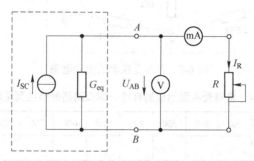

图 6-7　验证诺顿定理实验电路

改变负载电阻 R 测量诺顿等效电路的外特性。特别注意要测出 $R=\infty$ 及 $R=0$ 时的电压和电流；测量数据填入表 6-3 中。

表 6-3　诺顿等效电路外特性测量数据

R/Ω	0	100	200	300	400	500	600	700	800	900	∞
U_{AB}/V											
I_R/mA											

（二）扩展要求

1. 研究含有受控源电路戴维南等效变换

（1）按图 6-8 接线，组成一个含有受控源的二端网络；改变负载电阻 R，测量网络的伏安特性。特别注意要测出 $R=\infty$ 及 $R=0$ 时的电压和电流；数据填入表 6-4 中。

（2）测量有源二端网络的开路电压 U_{OC}。利用直接测量法，$R=\infty$ 时（负载开路），U_{AB} 的电压即为开路电压。

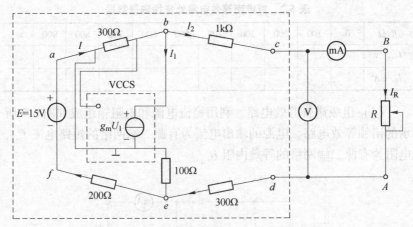

图 6-8　含有受控源的实验电路

表 6-4　含有受控源组成的有源一端口网络外特性测量数据

R/Ω	0	100	200	300	400	500	600	700	800	900	∞
U_{AB}/V											
I_R/mA											

（3）测量有源二端网络的等效内阻 R_{eq}。利用开路短路法，$R = \infty$ 时（负载开路）U_{AB} 的电压与 $R = 0$ 时的电流 I_S（短路电流）之比，即为等效内阻 R_{eq}。

（4）组成戴维南等效电路。利用稳压电源和电阻箱组成如图 6-6 所示的戴维南等效电路，改变负载电阻 R 测量其伏安特性。特别注意要测出 $R = \infty$ 及 $R = 0$ 时的电压和电流；数据填入表 6-5 中。

表 6-5　戴维南等效电路外特性测量数据

R/Ω	0	100	200	300	400	500	600	700	800	900	∞
U_{AB}/V											
I_R/mA											

比较表 6-4 和表 6-5 的实验数据，研究含有受控源的电路是否可以应用戴维南定理。

2. 研究最大功率传输定理

按图 6-5 接线，组成一个有源二端网络；按照表 6-6 给定的电阻值改变负载电阻 R_L，测量负载电阻 R_L 的电压和电流，并计算功率。测量数据填入表 6-6 中。

表 6-6　验证最大功率传输定理测量数据

R_L/Ω		100	150	200	250	300	350	400	450	500
测量值	U_{AB}/V									
	I_R/mA									
	$P_O = I_R^2 R_{eq}$									
	$P_L = I_R^2 R_L$									
计算值	U_{AB}/V									
	I_R/mA									
	$P_O = I_R^2 R_{eq}$									
	$P_L = I_R^2 R_L$									

五、实验报告要求

（1）完成实验测试、数据列表；根据实验测量结果得出结论。

（2）根据实验测得的表 6-1～表 6-3，用坐标纸分别绘出电压与电流的关系曲线。

（3）根据测量数据及曲线验证戴维南定理和诺顿定理。

（4）根据戴维南定理和诺顿定理及电路参数计算出电路中各电阻时的电流和电压；计算结果与实验测量结果进行比较，如果存在误差，说明产生误差原因。

（5）根据实验测得的表 6-6，用坐标纸绘出等效电阻 R_{eq} 消耗的功率 P_O 与负载电阻的关系曲线，及负载电阻 R_L 消耗的功率 P_L 与负载电阻的关系曲线，并得出负载电阻获得最大输出功率的结论。

（6）小结对戴维南定理、诺顿定理和最大功率传输定理的认识，总结实验收获和体会。

（7）回答思考题。

六、思考题

（1）对于含有受控源的电路，戴维南定理和诺顿定理是否成立，如何验证？

（2）最大功率传输定理的应用范围是什么，其是否适用于交流电路？

实验七 直流电路的设计与研究

设计性实验（计划学时：4学时）

一、实验内容与任务

（一）基本要求

（1）根据图 7-1 给出的电路拓扑图设计电路参数，使电路满足以下条件：

1）给定电阻 $R_2 = 0.5\text{k}\Omega$，电阻 $R_3 = 1\text{k}\Omega$，电阻 $R_4 = 0.5\text{k}\Omega$。

2）单号同学电流源 $I_S = 3\text{mA}$，电阻 $R_1 = 1\text{k}\Omega$，电阻 $R_5 = 0.5\text{k}\Omega$。双号同学电流源 $I_S = 6\text{mA}$，电阻 $R_1 = 0.5\text{k}\Omega$，电阻 $R_5 = 1\text{k}\Omega$。

3）学号 1~20 号的同学给定电流 $I_3 = 1\text{mA}$，其余同学给定电流 $I_3 = -1\text{mA}$。

4）电压 $U_{bd} = (1 + 学号 \times 0.05)\text{V}$。

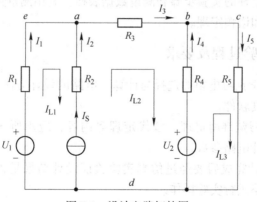

图 7-1 设计电路拓扑图

（2）根据设计的电路参数，连接图 7-1 电路，测量并记录各支路电流及各元件电压作为实验结果。

（3）按图 7-1 所示的支路电流方向，用支路电流法列写方程。求解联立方程，得各支路电流。比较解联立方程组的结果与实验结果是否一致，如果一致，说明列写正确；如果不一致，说明列写错误，重新列写方程。

（4）按图 7-1 所示的网孔电流方向用网孔电流法列写方程。求解联立方程，得各网孔电流，进而求得各支路电流。比较解联立方程组的结果与实验结果是否一致，如果一致，说明列写正确；如果不一致，说明列写错误，重新列写方程。

（5）以 d 为参考点，按图 7-1 所示的电路，用结点电压法列写方程。求解联立方程，得各结点电压，进而求得各支路电流。比较解联立方程组的结果与实验结果是否一致，如果一致，说明列写正确；如果不一致，说明列写错误，重新列写方程。

（6）根据实验结果，针对结点 a 验证基尔霍夫电流定律，针对回路 abcdea 验证基尔霍夫电压定律（自拟表格）。

（二）扩展要求

设计验证戴维南定理和诺顿定理的方案并进行实验验证。

制定结合实验电路验证戴维南定理和诺顿定理的方案，研究在各种情况下准确测量开路电压和等效内阻的方法，正确设计验证戴维南定理和诺顿定理的实验步骤和测量数据表格，利用测量数据分别验证戴维南定理和诺顿定理。

二、实验过程及要求

（1）自学预习电阻的选择与计算、电路的设计方法的相关知识。自学预习仿真软件。

（2）学习戴维南定理、替代定理等内容，应用所学知识，根据给定条件设计电路参数。

（3）设计完成后要经过仿真实验验证设计结果是否正确，然后组成实验电路进行实验操作。

（4）学习支路电流法、回路电流法及结点电压法等电路的分析方法，根据各种分析方法对电路进行分析。要求合理设计实验步骤及测量数据表格，验证分析电路的正确性。

（5）在测量时，将测量数据与仿真结果进行比较，如果存在误差，分析误差原因，确定解决方案。

（6）完成每项实验任务后，要向指导教师报告。指导教师根据实验测量数据和观察操作过程，给出实验操作成绩。

三、相关知识及背景

（1）实验涉及知识：直流电路的分析方法，戴维南定理和诺顿定理的相关知识，电阻的计算与选择的相关知识，实验测量的相关知识，运用仿真软件的相关知识。

（2）实验运用的方法：测量的基本方法、电路的设计方法。

（3）实验提高的技能：电路元器件的选择与识别技能，实验操作技能。

四、实验目的

（1）通过设计电路，掌握电路的设计原则和设计方法。

（2）掌握支路电流法、回路电流法及结点电压法三种分析电路的方法。

（3）了解电路的设计方法，掌握运用测量技术研究解决问题的方法。

（4）加深理解戴维南定理、诺顿定理及基尔霍夫定律等电路的基本定理和定律。

（5）掌握利用计算机分析问题解决问题的方法。

五、实验教学与指导

（一）实验原理

1. 电路的设计原则

（1）电路的每个结点满足基尔霍夫电流定律（简称 KCL）。

基尔霍夫电流定律（简称 KCL）：对任意节点，在任意时刻，流入该节点所有支路电流的代数和为零（或：流入节点的电流等于流出节点的电流）。

（2）电路的每个回路满足基尔霍夫电压定律（简称 KVL）。

基尔霍夫电压定律（简称 KVL）：任一时刻，任一回路，沿任一绕行方向，所有支路电压的代数和恒等于零。

（3）电路的每个电阻满足欧姆定律。

欧姆定律：电阻流过的电流乘以电阻等于电阻两端的电压。

2. 三种电路分析方法

（1）支路电流法：以各支路电流为未知量列写电路方程分析电路的方法。

对于有 n 个结点、b 条支路的电路，要求解支路电流，未知量共有 b 个。

利用 KCL 定律列写 $n-1$ 个方程，利用 KVL 定律列写 $b-n+1$ 个方程，一共为 b 个独立的电路方程，便可以求解这 b 个支路电流变量。

对于有 n 个结点、b 条支路的电路，从电路的 n 个结点中任意选择 $n-1$ 个结点列写 KCL 方程，选择网孔（独立回路）列写 $b-(n-1)$ 个 KVL 方程。

（2）网孔电流法：以沿网孔连续流动的假想电流为未知量，列写电路方程分析电路的方法称网孔电流法。

对于有 W 个网孔的电路，只要列写 W 个方程，即可求出 W 个网孔电流，利用网孔电流再求出支路电流。

对于具有 1 个网孔的电路，有：

$$\begin{cases} R_{11}i_{l1} + R_{12}i_{l2} + \cdots + R_{1l}i_{ll} = u_{sl1} \\ R_{21}i_{l1} + R_{22}i_{l2} + \cdots + R_{2l}i_{ll} = u_{sl2} \\ \quad\quad\quad\quad \vdots \\ R_{l1}i_{l1} + R_{l2}i_{l2} + \cdots + R_{ll}i_{ll} = u_{sll} \end{cases}$$

其中，R_{kk}：网孔 k 的自电阻（总为正）。R_{jk}：网孔 j 与网孔 k 的互电阻。流过互阻的两个网孔电流方向相同，互电阻为正；流过互阻的两个网孔电流方向相反，互电阻为负。u_{slk}：网孔 k 的所有电源电压和，与网孔电流方向一致为正，相反为负。

（3）结点电压法：以结点电压为未知量列写电路方程分析电路的方法。

对于有 $m+1$ 个结点的电路，只要列写 m 个方程，即可求出 m 个结点电压。利用结点电压再求出支路电流。

对于具有 $m+1$ 个结点的电路，有：

$$\begin{cases} G_{11}i_{m1} + G_{12}i_{m2} + \cdots + G_{1m}i_{mm} = i_{sm1} \\ G_{21}i_{m1} + G_{22}i_{m2} + \cdots + G_{2m}i_{mm} = i_{sm2} \\ \vdots \\ G_{l1}i_{m1} + G_{l2}i_{m2} + \cdots + G_{lm}i_{mm} = i_{sml} \end{cases}$$

其中，G_{ii}：结点 i 的自电导，总为正。G_{ji}：结点 j 与结点 i 的互电导，总为负。i_{smi}：流入结点 i 的所有电流源电流的代数和，流入结点为正。

（二）实验电路设计方法

（1）实验电路设计。实验电路设计按照图 7-2 进行。

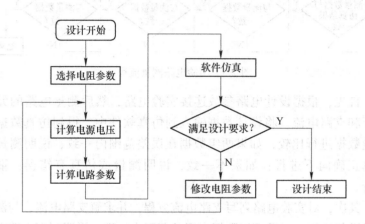

图 7-2　实验电路设计流程

　　首先，运用替代定理、戴维南定理、电源等效变换等方法确定各支路电流，然后选择各支路的电阻。在选择电阻时，首先要计算电阻的阻值，选择电阻时通常选用标称规格。除了选择阻值外，还要计算电阻的功率，一般选择功率比计算值略大一些。

　　其次，根据选择的电阻及各支路电流计算电源电压，然后计算各支路电流和各元件电压。利用仿真软件进行电路仿真实验，看是否满足设计要求，不满足则修改参数，直到满足设计要求。

　　在设计电阻值时，利用仿真软件在仿真软件上进行设计，方便快捷。

（2）实验电路测量与研究。

完成电路设计后，连接实验电路，然后按照图 7-3 进行测量。

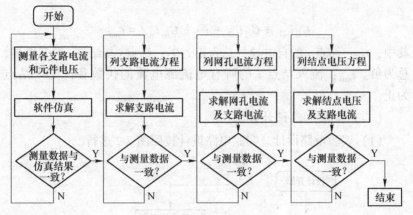

图 7-3　实验电路测量流程

首先，根据设计电路参数连接实验电路，然后测量电路的元件电压和支路电流。将设计数据输入到仿真软件中，得到仿真数据与测量数据进行比较，如果两组数据在误差范围内一致，说明测量和仿真正确向下进行；如果不一致，说明测量或仿真有错误，重新进行。

其次，对实验电路列写支路电流方程，并求解支路电流，与测量结果进行比较，如果两组数据在误差范围内一致，说明列写支路电流方程正确向下进行；如果不一致，说明列写支路电流方程有错误，须重新进行。

再次，对实验电路列写网孔电流方程，并求解网孔电流，进而求出支路电流，与测量结果进行比较。如果两组数据在误差范围内一致。说明列写网孔电流方程正确向下进行；如果不一致，说明列写网孔电流方程有错误，重新进行。

最后，以 d 为参考点，对实验电路列写结点电压方程，并求解结点，进而求出支路电流，与测量结果进行比较，如果两组数据在误差范围内一致，说明列写结点电压方程正确向下进行。如果不一致，说明列写结点电压方程有错误，重新进行。

（三）验证戴维南定理和诺顿定理

1. 设计方案

在设计验证戴维南定理和诺顿定理时，可以采用两种方案：

第一种方案是选择一条支路，测量该支路的电压和电流，然后去掉该支路，形成有源二端网络。测量有源二端网络的开路电压、短路电流及内阻，利用电压源和电阻串联组成戴维南等效电路。连接去掉的支路，测量该支路的电压和电流，即可验证戴维南定理。利用电流源与电阻并联组成诺顿等效电路，连接去掉的支路，测量该支路的电压和电流，即可验证诺顿定理。

第二种方案是选择一条支路，去掉该支路，形成有源二端网络。测量有源二端网络的伏安特性曲线及开路电压、短路电流和内阻。利用电压源和电阻串联组成戴维南等效电路，测量其伏安特性曲线，与有源二端网络的伏安特性曲线比较，即可验证戴维南定理。利用电流源与电阻并联组成诺顿等效电路，测量其伏安特性曲线，与有源二端网络的伏安特性曲线比较，即可验证诺顿定理。

2. 测量开路电压、等效内阻的方法

参见实验六：戴维南定理、诺顿定理及最大功率传输定理。

六、实验报告要求

（1）写出实验名称、班级、姓名、学号、同组人员等基本信息。

（2）写出实验的目的和意义。

（3）写出实验使用的仪器设备名称及材料数量（清单）。

（4）写出根据实验内容与任务完成的实验电路的设计方案及方案论证。

（5）写出设计过程与步骤，以及对实验电路参数进行计算与选择和对实验电路进行的仿真分析。

（6）列出测量各支路电流和元件电压的测量数据表格，写出对实验数据进行的分析、讨论验证基尔霍夫定律。

（7）对实验电路分别列写支路电流方程、回路电流方程、结点电压方程，并求解方程。将解方程结果与实验数据进行分析、比较，判断列写方程是否正确。如果存在误差，则分析误差原因。

（8）写出利用实验电路验证戴维南定理的方案及方案论证，实验步骤及测量数据表格，对测量实验数据进行的分析、讨论，由此得出结论。

（9）写出对数据记录与处理的过程，包括实验时的原始数据、分析结果的计算以及误差分析结果等。

（10）写出对实验的自我评价。总结实验的心得、体会，并提出建议。

七、思考题

（1）对于含有受控源的电路，戴维南定理和诺顿定理是否成立，如何验证？

（2）图 7-1 中 R_2 的大小对电路中其他支路有无影响？

实验八　受控电源电路的研究

综合性实验（计划学时：4 学时）

一、实验目的

（1）熟悉四种受控电源的基本特性。
（2）了解运算放大器组成受控源的基本原理。
（3）掌握受控源转移参数的测试方法。

二、仪器设备

电工电子系统实验装置。

三、原理与说明

1. 运算放大器

运算放大器是一种具有高电压放大倍数的直接耦合多级放大电路。当外部接入不同的线性或非线性元器件组成输入和负反馈电路时，可以灵活地实现各种特定的函数关系。在线性应用方面，可组成比例、加法、减法、积分、微分、对数等模拟运算电路。

在大多数情况下，将运放视为理想运放，就是将运放的各项技术指标理想化，满足下列条件的运算放大器，称为理想运算放大器：

开环电压增益：$A_{ud} = \infty$，输入阻抗：$r_i = \infty$，输出阻抗：$r_o = 0$，带宽：$f_{BW} = \infty$，失调与漂移均为零等。

理想运算放大器在线性应用时的两个重要特性：

（1）$U_+ \approx U_-$（同相端与反相端等电位）。

输出电压 U_O 与输入电压之间满足关系式：

$$U_O = A_{ud}(U_+ - U_-)$$

由于 $A_{ud} = \infty$，而 U_O 为有限值，因此，$U_+ - U_- \approx 0$。即 $U_+ \approx U_-$，称为"虚短"。

（2）$I_{IB} = 0$（同相端与反相端的输入电流为零）。

由于 $r_i = \infty$，故流进运放两个输入端的电流可视为零。

即 $I_{IB} = 0$，称为"虚断"。这说明运放对其前级吸取电流极小。

上述两个特性是分析理想运算放大器应用电路的基本原则，可简化运算放大器电路的计算。

含有运算放大器的电路是一种有源网络，在电路实验中主要是通过它的端口特性了解其功能。本实验要研究的几种基本受控源电路就是由运算放大器组成的。

2. 受控电源

电源可分为独立电源（如干电池、发电机等）与非独立电源（或称受控源）两种，受控源在网络分析中已经成为一个与电阻、电感、电容等无源元件同样经常遇到的电路元件。受控源与独立电源不同，独立电源的电动势或电激流是某一固定数值或某一时间函数，不随电路其余部分的状态而改变，且理想独立电压源的电压不随其输出电流而改变，理想独立电流源的输出电流与其端电压无关。独立电源作为电路的输入，它代表了外界对电路的作用；受控电源的电动势或电激流则随网络中另一支路的电流或电压而变化，它表示了电子器件中所发生的物理现象的一种模型。受控源又与无源元件不同，无源元件的电压和它自身的电流有一定的函数关系，而受控源的电压或电流则和另一支路（或元件）的电流或电压有某种函数关系。当受控源的电压（或电流）与控制元件的电压（或电流）成正比变化时，该受控源是线性的。理想受控源的控制支路中只有一个独立变量（电压或电流），另一个独立变量等于零。即从入口看，理想受控源或者是短路，即输入电阻 $R_1 = 0$，因而 $V_1 = 0$；或者是开路，即输入电导 $G_1 = 0$ 因而输入电流 $I_1 = 0$；从出口看，理想受控源或者是一理想电流源或者是一理想电压源。受控源有两对端钮，一对为输出端钮，另一对为输入端钮。输入端用来控制输出端电压或电流大小，施加于输入端的控制量可以是电压或是电流。因此，有两种受控电压源，即电压控制电压源 VCVS 和电流控制电压源 CCVS；同样，受控电流源也有两种，即电压控制电流源 VCCS 和电流控制电流源 CCCS。

受控源的控制端与受控端的关系式称转移函数，四种受控源的转移函数参量分别用 α、g_m、μ、r_m 表示，它们的定义如下：

CCCS：$\alpha=i_2/i_1$ 转移电流比（或电流增益）；

VCCS：$g_m = i_2/u_1$ 转移电导；

VCVS：$\mu=u_2/u_1$ 转移电压比（或电压增益）；

CCVS：$r_m=u_2/i_1$ 转移电阻。

3. 受控源的实现

（1）CCCS（电流控制电流源）的实现。

如图 8-1 所示由运算放大器组成的电路，根据运算放大器"虚短""虚断"的特性，得出：$-I_1R_1=(I_1-I_2)R_2$，推导出：$I_2=(1+R_1/R_2)I_1$。可以看出，电流 I_2 受电流 I_1 的控制，转移电流比为 $\alpha=1+R_1/R_2$，其电路模型如图 8-2 所示。

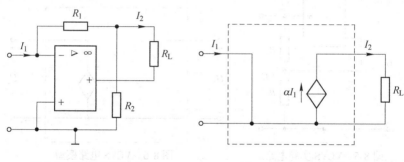

图 8-1 CCCS 实验电路　　　　图 8-2 CCCS 电路模型

（2）VCCS（电压控制电流源）的实现。

如图 8-3 所示由运算放大器组成的电路，根据运算放大器"虚短""虚断"的特性得出：$U_1=I_2R$，推导出：$I_2=(1/R)U_1$。可以看出，电流 I_2 受电流 U_1 的控制，转移电导为 $g_m=1/R$，其电路模型如图 8-4 所示。

（3）VCVS（电压控制电压源）的实现。

如图 8-5 所示由运算放大器组成的电路，根据运算放大器"虚短""虚断"的特性，得出：$\dfrac{U_2}{R_1+R_2}=\dfrac{U_1}{R_2}$，推导出：$U_2=(1+R_1/R_2)U_1$。可以看出，电压 U_2 受电压 U_1 的控制，转移电压比为 $\mu=1+R_1/R_2$，其电路模型如图 8-6 所示。

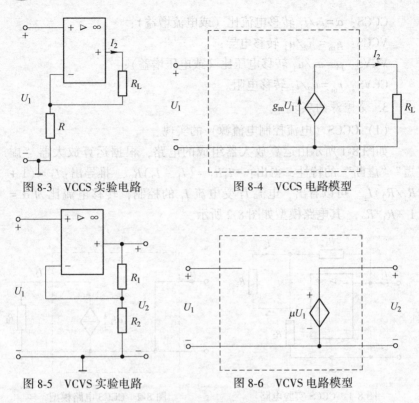

图 8-3 VCCS 实验电路   图 8-4 VCCS 电路模型

图 8-5 VCVS 实验电路   图 8-6 VCVS 电路模型

（4）CCVS（电流控制电压源）的实现。

如图 8-7 所示由运算放大器组成的电路，根据运算放大器"虚短""虚断"的特性，得出：$U_2 = -I_1 R$。可以看出，电压 U_2 受电流 I_1 的控制，转移电阻为 $r_m = -R$，其电路模型如图 8-8 所示。

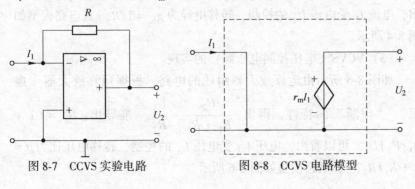

图 8-7 CCVS 实验电路   图 8-8 CCVS 电路模型

4. 由受控源级联组成的受控源

（1）由 CCVS 和 VCCS 级联组成 CCCS。

CCCS 的传输矩阵为：　$A = \begin{bmatrix} 0 & 0 \\ 0 & -1/\alpha \end{bmatrix}$

CCVS 的传输矩阵为：　$A = \begin{bmatrix} 0 & 0 \\ 1/r_m & 0 \end{bmatrix}$

VCCS 的传输矩阵为：　$A = \begin{bmatrix} 0 & -1/g_m \\ 0 & 0 \end{bmatrix}$

CCVS 与 VCCS 级联合成传输矩阵成为：

$$A = \begin{bmatrix} 0 & 0 \\ 1/r_m & 0 \end{bmatrix} \begin{bmatrix} 0 & -1/g_m \\ 0 & 0 \end{bmatrix} = \begin{bmatrix} 0 & 0 \\ 0 & -1/r_m g_m \end{bmatrix}$$

比较上面两式可得：$\alpha = r_m g_m$，所以，可以通过 CCVS 与 VCCS 级联组成 CCCS，如图 8-9 所示。

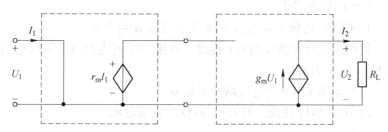

图 8-9　由 CCVS 和 VCCS 级联组成的 CCCS

（2）由 VCCS 和 CCVS 级联组成 VCVS。

VCVS 的传输矩阵为：　$A = \begin{bmatrix} 1/\mu & 0 \\ 0 & 0 \end{bmatrix}$

VCCS 的传输矩阵为：　$A = \begin{bmatrix} 0 & -1/g_m \\ 0 & 0 \end{bmatrix}$

CCVS 的传输矩阵为：　$A = \begin{bmatrix} 0 & 0 \\ 1/r_m & 0 \end{bmatrix}$

CCVS 与 VCCS 级联合成传输矩阵成为：

$$A = \begin{bmatrix} 0 & -1/g_m \\ 0 & 0 \end{bmatrix} \begin{bmatrix} 0 & 0 \\ 1/r_m & 0 \end{bmatrix} = \begin{bmatrix} -1/g_m r_m & 0 \\ 0 & 0 \end{bmatrix}$$

比较上面两式可得：$\mu = -g_m r_m$，所以可以通过 VCCS 与 CCVS 级联组成 VCVS，如图 8-10 所示。

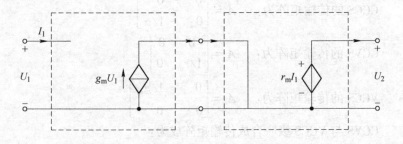

图 8-10　由 VCCS 和 CCVS 级联组成的 VCVS

四、实验内容与步骤

（一）基本要求

1. CCCS 的伏安特性及电流增益系数 α 的测试

利用运算放大器按图 8-1 接线，连接一个电流控制电流源电路。取 $R_1 = R_2 = 1\text{k}\Omega$。

（1）测试 CCCS 的电流增益系数 α。

1）按图 8-11 接线，取 $R_L = 2\text{k}\Omega$，接通电源。

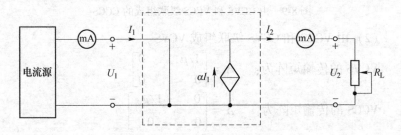

图 8-11　测量 CCCS 实验电路图

2）按照表 8-1 中给定的数据调节电流源电流 I_1，测量 U_1、U_2、I_2，并计算出电流增益系数 α。

3）绘出 CCCS 的输入伏安特性曲线 $U_1 = f(I_1)$。

表 8-1　测试 CCCS 的电流增益系数 α 数据表

I_1/mA	U_1/V	U_2/V	I_2/mA	$\alpha = I_2/I_1$	α 平均值	R_L
2.5						
2						
1						
−1						2kΩ
−2						
−2.5						

（2）测试 CCCS 的外特性。

1）按图 8-11 接线，调节电流源电流，使 $I_1 = 0.5\text{mA}$。

2）按照表 8-2 中给定的电阻值，调节电阻 R_L，测量 U_2、I_2。

3）绘出 CCCS 的外特性曲线 $U_2 = f(I_2)$。

表 8-2　测试 CCCS 的外特性数据表

R_L/Ω	$U_1 =$ ____ V					$I_1 = 0.5\text{mA}$			
	1K	900	800	700	600	500	400	300	200	100
U_2/V										
I_2/mA										

2. VCCS 的伏安特性及转移电导 g_m 的测试

利用运算放大器按图 8-3 接线，连接一个电压控制电流源电路，取 $R = 500\Omega$。

（1）测试 VCCS 的转移电导 g_m。

1）按图 8-12 接线，取 $R_L = 200\Omega$，接通电源。

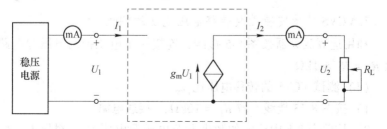

图 8-12　测量 VCCS 实验电路图

2) 按照表 8-3 中给定的数据调节电压源电压 U_1，测量 I_1、U_2、I_2，并计算出转移电导 g_m。

3) 绘出 VCCS 的输入伏安特性曲线 $U_1 = f(I_1)$。

表 8-3　测试 VCCS 的转移电导 g_m 数据表

U_1/V	I_1/mA	U_2/V	I_2/mA	$g_m = I_2/U_1$	g_m平均值	R_L
2.5						
2						
1						200Ω
−1						
−2						
−2.5						

（2）测试 VCCS 的外特性。

1) 按图 8-12 接线，调节电压源电压，使 $U_1 = 1V$。

2) 按照表 8-4 中给定的电阻值，调节电阻 R_L，测量 U_2、I_2。

3) 绘出 VCCS 制的外特性曲线 $U_2 = f(I_2)$。

表 8-4　测试 VCCS 的外特性数据表

	$I_1 = $ _____ mA				$U_1 = 1V$					
R_L/Ω	1k	2k	3k	4k	5k	6k	7k	8k	9k	10k	∞
U_2/V											
I_2/mA											

3. VCVS 的伏安特性及转移电压比 μ 的测试

利用运算放大器按图 8-5 接线，连接一个电压控制电压源电路，取 $R_1 = R_2 = 1k\Omega$。

（1）测试 VCVS 的转移电压比 μ。

1) 按图 8-13 接线，取 $R_L = 10k\Omega$，接通电源。

2) 按照表 8-5 中给定的数据调节电压源电压 U_1，测量 I_1、U_2、

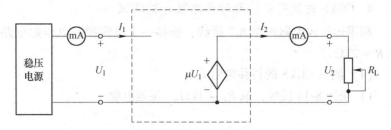

图 8-13　测量 VCVS 实验电路图

I_2，并计算出转移电压比 μ。

3）绘出 VCVS 制的输入伏安特性曲线 $U_1 = f(I_1)$。

表 8-5　测试 VCVS 的转移电压比 μ 数据表

U_1/V	I_1/mA	U_2/V	I_2/mA	$\mu = U_2/U_1$	μ 平均值	R_L
2.5						
2						
1						10kΩ
−1						
−2						
−2.5						

（2）测试 VCVS 的外特性。

1）按图 8-13 接线，调节电压源电压，使 $U_1 = 1V$。

2）按照表 8-6 中给定的电阻值，调节电阻 R_L，测量 U_2、I_2。

3）绘出 VCCS 的外特性曲线 $U_2 = f(I_2)$。

表 8-6　测试 VCVS 的外特性数据表

R_L/Ω	1k	2k	3k	4k	5k	6k	7k	8k	9k	10k	∞
U_2/V											
I_2/mA											

$I_1 = $ _____ mA　　　　$U_1 = 1V$

4. CCVS 的伏安特性及转移电阻 r_m 的测试

利用运算放大器按图 8-7 接线，连接一个电流控制电压源电路，取 $R = 2\text{k}\Omega$。

（1）测试 CCVS 的转移电阻 r_m。

1）按图 8-14 接线，取 $R_L = 1\text{k}\Omega$，接通电源。

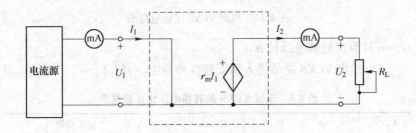

图 8-14　测量 CCVS 实验电路图

2）按照表 8-7 中给定的数据调节电流源电流 I_1，测量 U_1、U_2、I_2。

3）绘出 CCVS 制的输入伏安特性曲线 $U_1 = f(I_1)$。

表 8-7　测试 CCVS 的转移电阻 r_m 数据表

I_1/mA	U_1/V	U_2/V	I_2/mA	$r_m = U_2/I_1$	r_m 平均值	R_L
2.5						
2						
1						1kΩ
−1						
−2						
−2.5						

（2）测试 CCVS 的外特性。

1）按图 8-14 接线，调节电流源电流，使 $I_1 = 2.5\text{mA}$。

2）按照表 8-8 中给定的电阻值，调节电阻 R_L，测量 U_2、I_2。

3）绘出 CCVS 的外特性曲线 $U_2 = f(I_2)$。

表 8-8　测试 CCVS 的外特性数据表

R_L/Ω	1k	2k	3k	4k	5k	6k	7k	8k	9k	10k	∞
U_2/V											
I_2/mA											

表头：$U_1 = $ ＿＿＿＿＿V　　$I_1 = 2.5mA$

（二）扩展要求（级联组成的受控源的测试）

1. 由 CCVS 和 VCCS 级联组成组成的 CCCS 的测试

利用运算放大器，按图 8-7 连接一个电流控制电压源电路，取 $R = 1k\Omega$。

利用运算放大器，按图 8-3 连接一个电压控制电流源电路，取 $R = 2k\Omega$。

将 CCVS 的输出端连接到 VCCS 的输入端，组成 CCCS 电路，如图 8-15 所示。

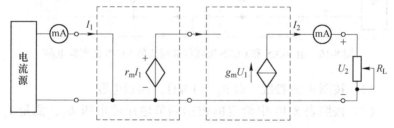

图 8-15　CCVS 和 VCCS 级联组成组成的 CCCS 的实验电路

（1）按图 8-15 接线，取 $R_L = 200\Omega$，接通电源。

（2）按照表 8-9 中给定的数据调节电流源电流 I_1，测量 U_1、U_2、I_2。

表 8-9　测试 CCCS 的电流增益系数 α 数据表

I_1/mA	U_1/V	U_2/V	I_2/mA	$\alpha = I_2/I_1$	α 平均值	R_L
2.5						
2						
1						$2k\Omega$
-1						
-2						
-2.5						

（3）绘出 CCCS 制的输入伏安特性曲线 $U_1 = f(I_1)$。

2. 由 VCCS 和 CCVS 级联组成组成的 VCVS 的测试

利用运算放大器，按图 8-3 连接一个电压控制电流源电路，取 $R = 2\text{k}\Omega$。

利用运算放大器，按图 8-7 连接一个电流控制电压源电路，取 $R = 1\text{k}\Omega$。

将 VCCS 的输出端连接到 CCVS 的输入端，组成 VCVS 电路，如图 8-16 所示。

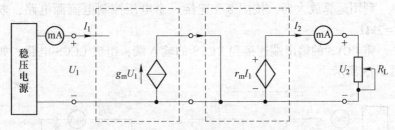

图 8-16 由 VCCS 和 CCVS 级联组成组成的 VCVS 的实验电路

（1）按图 8-16 接线，取 $R_L = 10\text{k}\Omega$，接通电源。

（2）按照表 8-10 中给定的数据调节电压源电压 U_1，测量 I_1、U_2、I_2。

（3）绘出 VCVS 制的输入伏安特性曲线 $U_1 = f(I_1)$。

表 8-10 测试 VCVS 的转移电压比 μ 数据表

U_1/V	I_1/mA	U_2/V	I_2/mA	$\mu = U_2/U_1$	μ 平均值	R_L
2.5						
2						
1						10kΩ
-1						
-2						
-2.5						

五、实验报告要求

（1）整理各组实验数据，绘制曲线并加以讨论说明。

（2）总结对受控电源的认识。

（3）总结收获和体会。

（4）回答思考题。

六、思考题

在测试四种受控源特性时，是否出现其转移特性或输出特性与理论值不符现象？试加以说明。

实验九　用二表法测量交流电路等效参数

（计划学时：2 学时）

一、实验目的

（1）掌握交流电路中 R、L、C 参数的基本测试方法。

（2）熟练掌握正确使用调压器、交流电压表、交流电流表的接线与误差分析方法。

二、仪器设备

电工电子系统实验装置。

三、原理与说明

（1）交流电路中的基本参数是电阻、电感和电容。在交流电路中，元件的阻抗值或无源一端口网络的等效阻抗值，可利用交流电压表及交流电流表测量或仅用交流电压表测量后经运算求出。这种方法对简化复杂的无源一端口网络具有实用意义。

（2）对于一个未知的元件，需要先判断被测阻抗是容性还是感性，一般可用下列方法加以确定：

1）在被测元件两端并接一只适当容量的试验电容器，若电流表读数增大，则被测元件为容性；若电流表读数减小，则读数为感性。

假定被测阻抗 Z 的电导和电纳分别为 G、B，并联试验电容 C_0 的电纳为 B_0。在端电压有效值不变的条件下，设被测元件两端并联试验电容 C_0 后的总电纳为 $B+B_0=B'$。若 B_0 增大，B' 也增大，而电路中电流 I 单调上升，则可判断 B 为容性元件；若 B_0 增大，但是 B' 却先减小而后再增大，电流也是先减小后上升，而电路中电流 I 单调上升，则可判断 B 为感性元件。

由以上分析可见，当 B 为容性元件时，对并联电容 C_0 值无特殊要求；但其为感性元件时，$B_0 < |2B|$ 才有判定为感性的意义。当

$B_0 > |2B|$ 时，电流单调上升，与 B 为容性时相同，并不能说明电路为感性的。因此，$B_0 < |2B|$ 是判断电路性质的可靠条件。由此得判定条件为 $C_0 < |2B/\omega|$ 。

2）利用示波器测量阻抗元件的电流与端电压之间的相位关系，电流超前为容性，电流滞后为感性。

3）在电路中接入功率因数表，从表上直接读出被测阻抗的 $\cos\varphi$ 值，读数超前为容性，读数滞后为感性。

（3）用二表法测量交流电路等效参数原理。如图 9-1 所示的电路，Z 为某一待测的无源一端口网络，R 为一外加电阻。用电压表分别测量出 U_1、U_R 及 U_2，用电流表读出 I 即可按比例画出电路相量图，若 Z 为感性电路，则相量图如图 9-2 所示。

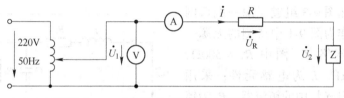

图 9-1 二表法测量无源一端口网络电路图

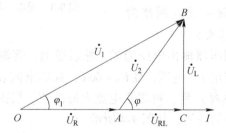

图 9-2 二表法测量无源一端口网络相量图

取电流为参考相量，U_1、U_R 及 U_2 组成一个闭合三角形 OAB，而且有 $\dot{U}_1 = \dot{U}_R + \dot{U}_2$，由余弦定理可求出：

$$\cos\varphi_1 = \frac{U_1^2 + U_R^2 + U_2^2}{2U_1 U_2}, \quad \dot{U}_2 = \dot{U}_{RL} + \dot{U}_L$$

且构成一个直角三角形 BAC，U_{RL} 为电感线圈内部电阻上的电压降分量。由图 9-2 可知 U_{RL} 及 U_L 为：$U_{RL} = U_1\cos\varphi_1 - U_R$，$U_L = U_1\sin\varphi_1$。于是可得 $R_L = \dfrac{U_{RL}}{I}$，$L = \dfrac{U_L}{\omega I} = \dfrac{U_L}{2\pi f I}$。

同理，如果被测元件为容性电路，也一样可求出他们的等值参数。

（4）一表法的测量线路同上，但串联电阻 R_S 的阻值应预先已知，这样线路电流 $I = U_R/R_S$，其余计算方法同上。此法实用性更强。

四、实验内容与步骤

（一）基本要求

1. 利用实验装置提供的元件组成无源一端口网络

如图 9-3 组成无源一端口网络，作为图 9-1 中待测的无源一端口网络 Z。图中 $R_1 = 500\Omega$，$C = 5\mu F$。L 为电感元件；采用 20W 日光灯中的镇流器，R_L 为镇流器的电阻。

2. 判断无源一端口网络的性质（容性或感性）

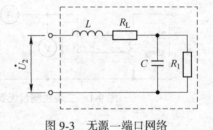

图 9-3　无源一端口网络

首先调节调压器输出电压为零，然后通电。逐渐升高调压器电压，用电压表测量 U_2 电压，使 $U_2 = 60V$，观察电流表的读数；开关闭合（并联小电容）后，再观察电流表的读数。根据电流的大小判断源一端口网络的性质，如图 9-4 所示。

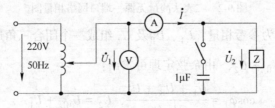

图 9-4　判断无源一端口网络性质的实验电路

3. 用二表法测量交流电路等效参数

按图 9-5 接线，图中 $R = 500\Omega$。首先调节调压器输出电压为零，然后通电。逐渐升高调压器电压，先用电压表测量 U_2 电压，使 $U_2 = 60V$；保持调压器输出电压不变，分别测量 U_1、U_R 电压和电流 I。测量数据记入表 9-1 中。

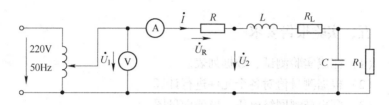

图 9-5　二表法测量交流电路等效参数

表 9-1　二表法测量无源一端口网络数据表

U_1/V		U_R/V	U_2/V		I/mA		$R = U_R/I$
Z/Ω	$\cos\varphi$	φ	等效 R'_L/Ω		等效 L'/mH		等效 $C'/\mu F$

按比例画出电路相量图，并计算出外接串联电阻 R（假设 R 为未知量）、一端口网络阻抗 $|Z|$、负载的功率因数 $\cos\varphi$ 和 φ、负载电阻分量 R'_L 及电感线圈的 L。测量数据填入表 9-1 中。

(二) 扩展要求

用一表法测量交流电路等效参数。

首先调节调压器输出电压为零，然后通电。逐渐升高调压器电压，先用电压表测量 U_2 电压，使 $U_2 = 60V$；保持调压器输出电压不变，分别测量 U_1、U_R 电压和电流 I，记入表 9-2 中。

按比例画出电路相量图，已知 $R = 500\Omega$，计算出一端口网络阻抗 $|Z|$、负载的功率因数 $\cos\varphi$ 和 φ，负载电阻分量 R'_L 及电感线圈的 L。数据填入表 9-2 中。

表 9-2　一表法测量交流电路等效参数数据表

U_1/V	U_R/V		U_2/V	$I=U_R/R$	R_S/Ω

Z/Ω	$\cos\varphi$	φ	等效 R'_L/Ω	等效 L'/mH	等效 $C'/\mu F$

五、实验报告要求

（1）完成实验测试、数据列表。
（2）根据测量值对各个元件进行计算。
（3）画出被测网络电压、电流向量图。
（4）总结收获和体会。
（5）回答思考题。

六、思考题

外加电阻 R 的阻值大小及精度对测量结果误差有无关系？

七、注意事项

（1）通电前，单向调压器的手柄要逆时针旋转到头，使输出电压为零，避免对电路进行冲击。
（2）本实验为强电实验，要注意人身安全，不要触摸带电的金属部分。

实验十　用三表法测量交流电路等效阻抗

验证性实验（计划学时：2 学时）

一、实验目的

（1）学习用功率表、交流电压表、交流电流表测定交流电路元件等效参数的方法。

（2）掌握功率表的使用方法。

二、实验仪器设备

电工电子系统实验装置。

三、实验原理与说明

在交流电路中，元件的阻抗值或无源一端口网络的等效阻抗值，可以用交流电压表、交流电流表和功率表分别测出元件（或网络）两端的电压 U、流过的电流 I 和它所消耗的有功功率 P 之后，再通过计算得出。其关系式为：

阻抗的模：$|Z| = \dfrac{U}{I}$，功率因数：$\cos\varphi = \dfrac{P}{UI}$，等效电阻：$R = \dfrac{P}{I^2} = |Z| \cdot \cos\varphi$，等效电抗：$X = |Z| \sin\varphi$，$|X| = \sqrt{Z^2 - R^2}$。

这种测量方法简称为三表法，它是测量交流阻抗的基本方法。

从三表法测得的 U、I、P 的数值还不能判别被测阻抗是属于容性还是属于感性，具体判断方法参见实验九中用二表法测量交流电路等效参数。

四、实验内容与步骤

（一）基本要求

1. 测量交流电路的电阻

按图 10-1 接线，$R = 500\Omega$（采用实验装置上的电阻箱）。交流电源采用单向调压器,首先调节调压器输出电压为零,然后通电。逐渐升高调压器电压,测量数据填入表 10-1 中。为了测量精确,选取不同的电压测量两次。

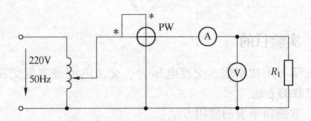

图 10-1　测量交流电路的电阻实验电路

表 10-1　测量交流电路的电阻数据表

项目	测　量　值			计　算　值	
	I/A	U/V	P/W	R/Ω	R 平均值/Ω
1		50			
2		60			

2. 测量交流电路的电感

按图 10-2 接线,L 采用日光灯的镇流器。交流电源采用单向调压器,首先调节调压器输出电压为零,然后通电。逐渐升高调压器电压,测量数据填入表 10-2 中。为了测量精确,选取不同的电压测量两次。

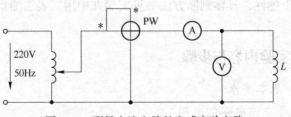

图 10-2　测量交流电路的电感实验电路

表 10-2　测量交流电路的电感数据表

项目	测 量 值			计 算 值					
	I/A	U/V	P/W	Z/Ω	R/Ω	X_L	$Z\angle\varphi$	L/H	L平均/H
1		100							
2		120							

3. 测量交流电路的电容

按图 10-3 接线，$C=5\mu F$（采用实验装置上的电容箱）。交流电源采用单向调压器，首先调节调压器输出电压为零，然后通电。逐渐升高调压器电压，测量数据填入表 10-3 中。为了测量精确，选取不同的电压测量两次。

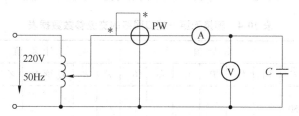

图 10-3　测量交流电路的电容实验电路

表 10-3　测量交流电路的电容数据表

项目	测 量 值			计 算 值					
	I/A	U/V	P/W	Z/Ω	R/Ω	X_C	$Z\angle\varphi$	$C/\mu F$	C平均/μF
1		50							
2		60							

（二）扩展要求

测量无源一端口网络的交流参数。

按图 10-4 连接电路，用三表法测量此被测网络的交流参数。图中虚线框内为被测网络，被测网络为由电阻 R、电感 L 和电容 C 组成的无源一端口网络（图中 L 为电感元件，采用 20W 日光灯中的镇流器；R_L 为镇流器等效电阻；$R=500\Omega$，$C=5\mu F$）。R、L、R_L、C 的参数由上面实验测得。

　　交流电源采用单向调压器，首先调节调压器输出电压为零，然后通电。逐渐升高调压器电压，测量数据填入表 10-4 中。为了判断无源一端口是容性还是感性，在端口处并联小电容，根据端口电流的大小进行判断。

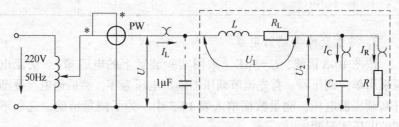

图 10-4　测量无源一端口网络的交流参数实验电路

表 10-4　测量无源一端口网络的交流参数数据表

项目	测 量 值							计 算 值				
	U	U_1	U_2	P	I_L	I_C	I_R	Z	R	X_C 或 X_L	$Z\angle\varphi$	C 或 L
并联 1μF 电容前	50											
并联 1μF 电容后	50											

五、实验报告要求

（1）完成实验测试、数据列表。

（2）根据测量值对各个元件进行计算。

（3）画出被测网络电压、电流向量图。

（4）总结收获和体会。

（5）回答思考题。

六、思考题

为什么测量电感时功率表有读数而测量电容时功率表无读数？

七、注意事项

（1）通电前，单向调压器的手柄要逆时针旋转到头，使输出电压为零，避免对电路进行冲击。

（2）本实验为强电实验，要注意人身安全，不要触摸带电的金属部分。

实验十一　日光灯电路和功率因数的提高

综合性实验（计划学时：4 学时）

一、实验目的

（1）研究正弦稳态交流电路中电压、电流相量之间的关系。

（2）熟悉日光灯的接线，做到能正确迅速连接电路。

（3）理解改善电路功率因数的意义并掌握其测量方法。

（4）熟练功率表的使用。

二、实验仪器设备

电工电子系统实验装置。

三、实验原理与说明

（1）在单相正弦交流电路中，用交流电流表测得各支路的电流值，用交流电压表测得回路各元件两端的电压值。它们之间的关系满足相量形式的基尔霍夫定律，即 $\Sigma I = 0$ 和 $\Sigma U = 0$。图 11-1 所示的 RC 串联电路，在正弦稳态信号 U 的激励下，U_R 与 U_C 保持有 90° 的相位差，即当 R 阻值改变时，U_R 的相量轨迹是一个半圆。U、U_C 与 U_R 三者形成一个直角形的电压三角形，如图 11-2 所示。R 值改变时，可改变 φ 角的大小，从而达到移相的目的。

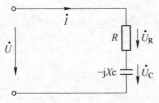

图 11-1　RC 串联电路

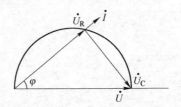

图 11-2　RC 串联电路相量图

（2）日光灯电路由日光灯管 A、镇流器 L（带铁芯电感线圈）、启动器 S 组成，如图 11-3 所示。当接通电源后，启动器内发生辉光放电，双金属片受热弯曲，触点接通，将灯丝预热使它发射电子，启动器接通后辉光放电停止，双金属片冷却，又把触点断开。这时镇流器感应出高电压加在灯管两端，使日光灯管放电，产生大量紫外线，灯管内壁的荧光粉吸收后辐射出可见的光，日光灯就开始正常工作。启动器相当于一只自动开关，能自动接通电路（加热灯丝）和开断电路（使镇流器产生高压，将灯管击穿放电）。镇流器的作用除了感应高压使灯管放电外，在日光灯正常工作时，起限制电流的作用。镇流器的名称也由此而来。由于电路中串联着的镇流器是一个电感量较大的线圈，因而整个电路的功率因数不高。

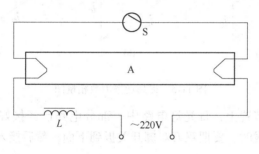

图 11-3　日光灯电路

（3）负载功率因数过低，一方面没有充分利用电源容量，另一方面又在输电电路中增加了损耗。为了提高功率因数，最常用的方法是在负载两端并联一个补偿电容器，以抵消负载电流的一部分无功分量。在日光灯接电源两端并联一个可变电容器，如图 11-4 所示。

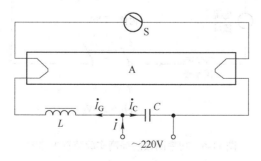

图 11-4　提高功率因数电路图

因为电容电流 I_C 超前电压 U 90°角，可以抵消日光灯电流 I_G 的一部分无功分量，结果总电流 I 逐渐减小，其相量图如图 11-5（a）所示。当可变电容器的容量逐渐增加时，电容支路电流 I_C 也随之增大。当电容支路电流 I_C 抵消日光灯电流 I_G 的全部无功分量时，总电流 I 最小，其相量图如图 11-5（b）所示。当可变电容器的容量继续增加（过补偿）时，总电流又将增大。此刻，电流超前电压，电路呈容性。其相量图如图 11-5（c）所示。

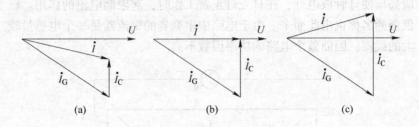

图 11-5　提高功率因数相量图

在实验装置上，日光灯电路中一部分电路已经接好，如图 11-6 所示。在接线时，要把双刀双掷开关扳到下面，然后接入电源以及测试仪表。

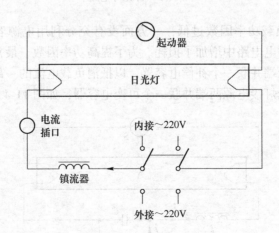

图 11-6　功率因数的提高实验装置电路图

四、实验内容与步骤

（一）基本要求

1. 研究交流电路电压之间的关系

按图 11-1 接线，R 为 220V、10W 的白炽灯泡，电容器为 4.7μF/450V。经指导教师检查后，接通实验台电源，将自耦变压器输出 U 调至 220V。记录 U、U_R、U_C 值，验证电压三角形关系。数据填入表 11-1。

表 11-1　研究交流电路电压之间的关系数据表

测量值			计　算　值		
U /V	U_R /V	U_C /V	U'（与 U_R、U_C 组成 Rt△，$U' = \sqrt{U_R^2 + U_C^2}$）	$\Delta U/V$（$\Delta U = U' - U$）	$\Delta U/U'$ /%
220					

2. 日光灯线路接线与测量

按图 11-7 接线。经指导教师检查后接通实验台电源，调节自耦调压器的输出，使其输出电压缓慢增大，直到日光灯刚启辉点亮为止，记下三表的指示值。然后将电压调至 220V，测量功率 P，电流 I，电压 U、U_L、U_A 等值，数据填入表 11-2，验证电压、电流相量关系。

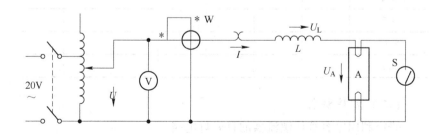

图 11-7　测量日光灯实验电路

表11-2 验证电压、电流相量关系数据表

项目	测 量 数 值						计算值	
	P/W	$\cos\varphi$	I/A	U/V	U_L/V	U_A/V	R/Ω	$\cos\varphi$
启辉值								
正常工作值				220V				

3. 并联电路功率因数的改善

按图11-8接线。经指导老师检查后，接通实验台电源，将自耦调压器的输出调至220V，分别测量电容 C 不同值时的参数。数据记入表11-3中。

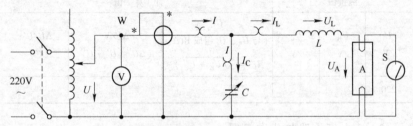

图11-8 功率因数的改善实验电路

表11-3 电路功率因数的改善数据表

电容/μF	U/V	U_L/V	U_A/V	I/mA	I_L/mA	I_G/mA	P/W
0							
1							
2.2							
4.7							
5.17							
5.7							

(二) 扩展要求

研究利用电容替代镇流器的日光灯电路。

(1) 根据以上的测量参数计算出日光灯电阻。

(2) 如图11-9用电容代替镇流器的位置，计算出日光灯正常发光（日光灯的电流、电压不变）时需要串联的电容值。

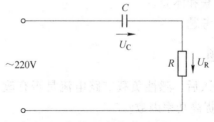

图 11-9　电容代替镇流器电路

（3）按图 11-10 接线，利用电容替代镇流器的日光灯电路的参数。数据记入表 11-4 中。

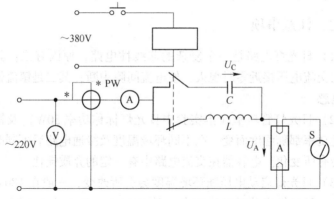

图 11-10　电容代替镇流器实验电路

表 11-4　电容替代镇流器的日光灯电路数据表

电容/μF	总电压 U/V	U_C/V	U_A/V	电流 I/mA	功率 P/W
	220				

五、实验报告要求

（1）完成上述数据测试，并列表记录。

（2）通过相量图说明感性负载并联电容可提高功率因数的原理。

（3）绘出总电流 $I=f(C)$ 曲线，并分析讨论。

（4）绘出总电流 $\cos\varphi = f(C)$ 曲线，并分析讨论。

（5）总结收获和体会。

（6）回答思考题。

六、思考题

（1）电容并入后，感性负载支路电流是否有改变，为什么不用串联电容的方法提高功率因数？

（2）为什么感性负载并联电容可以提高功率因数，其物理实质是什么，负载功率因数是不是提高得越高越好？

（3）如果日光灯管的一端灯丝开路，该日光灯管是否还可以使用，为什么？

七、注意事项

（1）日光灯电路是一个复杂的非线性电路，原因有二：其一是灯管在交流电压接近零时熄灭，使电流间隙中断；其二是镇流器为非线性电感。

（2）日光灯管功率（本实验中日光灯标称功率30W）及镇流器所消耗功率都随温度而变，在不同环境温度及接通电路后不同时间中功率会有所变化。电容器在交流电路中有一定的介质损耗。

（3）日光灯启动电压随环境温度会有所改变，一般在180V左右可启动。日光灯启动时电流较大（约0.6A），工作时电流约0.37A。测量前注意仪表量限的选择。

实验十二　RLC 串联电路谐振的研究

验证性实验（计划学时：2 学时）

一、实验目的

（1）学会用实验方法测定 RLC 串联谐振电路的电压和电流，以及学会绘制谐振曲线。

（2）加深理解串联谐振电路频率特性和电路品质因数的物理意义。

二、实验仪器设备

电工电子系统实验装置。

三、实验原理与说明

在 RLC 串联电路中，当外加正弦交流电压的频率可变时，电路中的感抗、容抗都随着外加电源频率的改变而变化，因而电路中的电流也随着频率而变化。将这些物理量随频率而变的特性绘成曲线，就是它们的频率特性曲线。

在 RLC 串联电路中，当 $\omega L = \dfrac{1}{\omega C}$ 时，电路中电流与电源电压同相，电容电压与电感电压大小相等、方向相反，电阻电压等于电源电压。此时称为电路发生谐振。

谐振时的频率称为谐振频率，用 ω_0 表示：$\omega_0 = \dfrac{1}{\sqrt{LC}}$。

可见，谐振频率只由电路参数 L 及 C 决定。随着频率的变化，电路的性质在 $\omega < \omega_0$ 时呈容性；在 $\omega > \omega_0$ 时电路呈感性；$\omega = \omega_0$ 时，即在谐振点，电路出现纯阻性。

谐振时电容或电感上的电压与电源电压之比称为电路的品质因

数，用 Q 表示：$Q = \dfrac{U_C}{U} = \dfrac{U_L}{U} = \dfrac{1}{R}\sqrt{\dfrac{L}{C}}$。

可见，品质因数 Q 只与 R、L、C 有关，与电源电压无关。品质因数 Q 与电阻 R 成反比，R 越小，品质因数 Q 越大。

串联电路中的谐振曲线为电流随频率的变化曲线。当电路的 L 及 C 维持不变，只改变 R 的大小时，可以绘出不同 Q 值的谐振曲线。Q 值越大，曲线越尖锐，电路的选择性越好，如图 12-1 所示。为便于比较，曲线的纵坐标为 I/I_0。

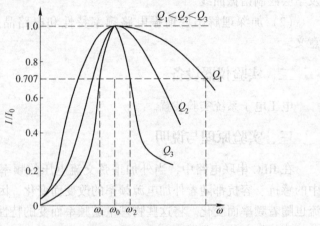

图 12-1　串联电路的谐振曲线

在图 12-1 中，这些不同 Q 值谐振曲线图上通过纵坐标 $I/I_0 = 0.707$ 处作一平行于横轴的直线，与各谐振曲线交于两点：ω_1 及 ω_2。Q 值越大，这两点之差（称为通频带）越窄，可以证明：

$$Q = \frac{\omega_0}{\omega_2 - \omega_1} = \frac{f_0}{f_2 - f_1}$$

由于电阻电压与电流同相，通常测量电阻电压 U_R 随频率的变化曲线作为谐振曲线。

在品质因数大于 1 时，电容电压或电感电压要大于电源电压。图 12-2 所示的曲线，就是电阻、电感和电容电压随频率而变化的曲线。曲线的横坐标为 ω，纵坐标为 U_R、U_L 或 U_C。由图 12-2 可见，当频

率为 ω_{C} 时，电容电压 U_{C} 出现峰值，但峰值频率 ω_{C} 时小于谐振频率 ω_0。当频率为 ω_{L} 时，电感电压 U_{L} 出现峰值，但峰值频率 ω_{L} 时大于谐振频率 ω_0。

实验中用交流毫伏表测出 U_{R}，是在保持 U_{i} 不变情况下，改变频率 f 测量对应的 U_{R}。

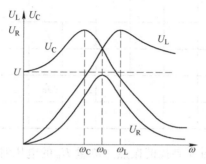

图 12-2 电阻、电感和电容电压随频率而变化的曲线

四、实验内容与步骤

(一) 基本要求

1. 寻找谐振点 f_0 并测量 U_{R} 曲线

按照图 12-3 所示实验线路接线：其中 $C = 1\mu\mathrm{F}$，$R = 100\Omega$，$L = 100\mathrm{mH}$（用实验装置上互感电路原边），保持 $U_{\mathrm{I}} = 10\mathrm{V}$。改变频率（给定频率范围为 $200\sim1500\mathrm{Hz}$），用交流毫伏表测量对应的 U_{R} 电压。当 U_{R} 电压最大时，所对应的频率即为谐振频率 f_0（注意保持 U_{I} 不变）。数据填入表 12-1 中。

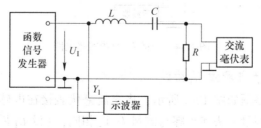

图 12-3 寻找谐振点 f_0 并测量 U_{R} 曲线实验电路

表 12-1 测量 U_R 曲线、U_C 曲线、U_L 曲线数据表

$R=100\Omega$ U_R 曲线	f/Hz					f_0				
	U_R/V									
$R=100\Omega$ U_C 曲线	f/Hz					f_C				
	U_C/V									
$R=100\Omega$ U_L 曲线	f/Hz					f_L				
	U_L/V									
$R=400\Omega$ U_R 曲线	f/Hz					f_0				
	U_R/V									

注意：测量时要寻找谐振点。测量 U_R 的电压时，随着频率增加的是电压的逐渐增加。当 U_R 的电压由大变小时，U_R 最大时所对应的频率就是谐振频率。

2. 寻找 f_C 并测量 U_C 曲线

实验电路图如图 12-4 所示，将交流毫伏表接在电容两端，测量电容电压，测量方法和步骤与测量 U_R 时相同，（设 U_C 最高点对应的频率为 f_C）。数据填入表 12-1 中。

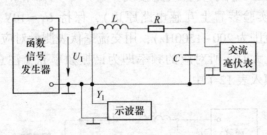

图 12-4 测量 U_C 曲线实验电路

3. 寻找 f_L 并测量 U_L 曲线

实验电路图如图 12-5 所示，将交流毫伏表接在电感两端，测量电感电压，测量方法和步骤与测量 U_R 时相同，（设 U_L 最高点对应的频率为 f_L）。数据填入表 12-1 中。

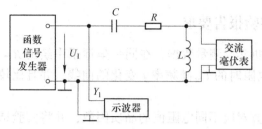

图 12-5 测量 U_L 曲线实验电路

4. 改变 R，重新测量 U_R 曲线

按照图 12-3 所示实验线路接线：选 $C = 1\mu F$，$R = 400\Omega$，$L = 100mH$（用实验装置上互感电路原边）。重新测量 U_R 曲线，测量方法同上。数据填入表 12-1 中。

（二）扩展要求

用示波器寻找谐振点。根据串联谐振电路中电压与电流同相的特点，可用李萨如图形法观察电压与电流的相位关系，寻找谐振点。

按图 12-6 接线，调节示波器的扫描开关，选择 CH$_1$ 为 X 输入，CH$_2$ 为 Y 输入。CH$_1$ 测量 U_R 电压（与电流同相），CH$_2$ 测量 U 电压。改变变频功率电源的频率，示波器将显示不同的图像。对照图 12-7 判别相位关系，找出谐振点。

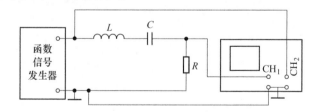

图 12-6 示波器寻找谐振点实验电路

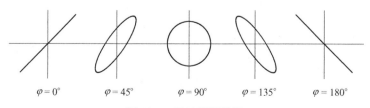

$\varphi = 0°$ $\varphi = 45°$ $\varphi = 90°$ $\varphi = 135°$ $\varphi = 180°$

图 12-7 示波器相位图

五、实验报告要求

（1）根据实验测量数据，在同一坐标系中绘出 $R=100\Omega$ 和 $R=400\Omega$ 两种电阻时的 U_R 随频率 f 变化的曲线，并且比较两种曲线的特点。

（2）计算对应不同电阻值的品质因数，并将实验结果与理论计算结果进行比较。

（3）在同一坐标系中绘出 $R=100\Omega$ 时，U_R、U_C、U_L 随频率 f 变化的曲线。

（4）根据谐振曲线讨论与分析串联谐振电路的特点，包括谐振频率与理论值的差异，电路参数对谐振曲线的形状的影响，电路的 Q 值等。

六、思考题

（1）在实验中，用哪些方法能判别电路处于谐振状态？

（2）当 RLC 串联电路发生谐振时，是否有 $U_R=U_S$，线圈电压 $U_L=U_C$？分析其原因。

实验十三 三相电路电压、电流及相序的测量

综合性实验（计划学时：4 学时）

一、实验目的

（1）学习三相电源相序的测量方法。

（2）掌握三相负载作星形联接、三角形联接的方法，研究在两种联接方式下，线电压与相电压及线电流与相电流之间的关系。

（3）观察三相四线供电系统中中线的作用。

（4）学习三相电路中分析电路故障的方法。

二、实验仪器设备

电工电子系统实验装置。

三、实验原理与说明

（一）三相电源的相序

图 13-1 所示电路为由一个电容器和两个相同的白炽灯连接成星型不对称电路，且无中线，可用来测量三相电源的相序。

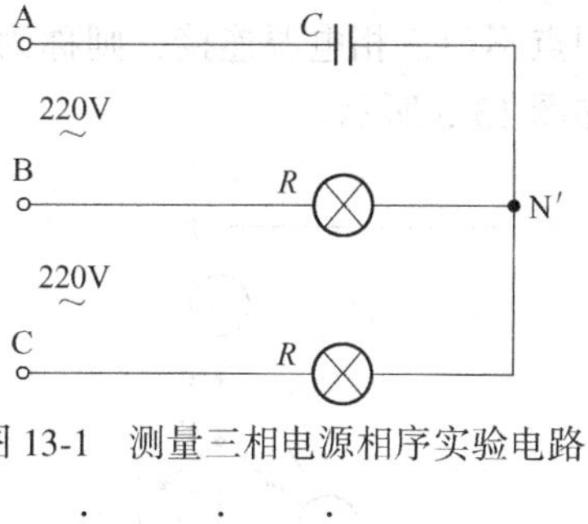

图中，设 $\dot{U}_A$、$\dot{U}_B$、$\dot{U}_C$ 为三相对称电源相电压，则中性点电压为：

图 13-1 测量三相电源相序实验电路

$$\dot{U}_{NN'} = \frac{\dfrac{\dot{U}_A}{-jX_C} + \dfrac{\dot{U}_B}{R_B} + \dfrac{\dot{U}_C}{R_C}}{\dfrac{1}{-jX_C} + \dfrac{1}{R_B} + \dfrac{1}{R_C}} = \frac{\dfrac{\dot{U}_A}{-jX_C} + \dfrac{\dot{U}_B}{R} + \dfrac{\dot{U}_C}{R}}{\dfrac{1}{-jX_C} + \dfrac{1}{R} + \dfrac{1}{R}}$$

为计算方便，设 $X_C = \dfrac{1}{\omega C}$, $\dot{U}_A = U\angle 0°$, 则有：

$$\dot{U}_{NN'} = \frac{\dfrac{\dot{U}_A}{-jX_C} + \dfrac{\dot{U}_B}{R} + \dfrac{\dot{U}_C}{R}}{\dfrac{1}{-jX_C} + \dfrac{1}{R} + \dfrac{1}{R}} = (0.2 + j0.6)U$$

$\dot{U}_{BN'} = \dot{U}_B - \dot{U}_{NN'} = (-0.3 - j1.466)U$，所以 $U_B = 1.49U$

$\dot{U}_{CN'} = \dot{U}_C - \dot{U}_{NN'} = (-0.3 - j0.266)U$，所以 $U_C = 0.4U$

可见，B 相的白炽灯比 C 相的要亮。即 A 相接电容，B 相亮，C 相暗（容亮暗）。

（二）三相电路的联接

三相负载可以联接成星形或三角形两种形式。

1. 三相负载的星形联接

设三相负载的首端和尾端分别为 $A'X$、$B'Y$、$C'Z$。三相负载的星形联接是将三个负载的尾端 X、Y、Z 连接在一起，这个连接点称为负载的中点 N'。三个负载的首端分别连接三相电源。

如果将三相电源的中点 N 与三相负载的中点 N' 连接，则称为三相四线制或称为三相负载有中线，如图 13-2 所示。如果三相负载的中点不与三相电源连接，则称为三相三线制或称为三相负载无中线，如图 13-3 所示。

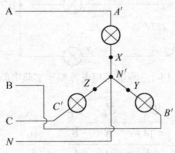

图 13-2　负载星形联接有中线

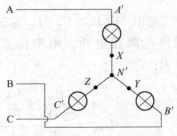

图 13-3　负载星形联接无中线

如果三相负载相等，则称为三相负载对称，否则称为三相负载不对称。

当三相对称负载星形联接时，线电压 U_L 是相电压 U_p 的 $\sqrt{3}$ 倍，即 $U_L = \sqrt{3}\,U_p$。线电流 I_L 等于相电流 I_p，即 $I_L = I_p$。负载的中性点 $U_{NN'} = 0$，流过中线的电流 $I_{NN'} = 0$。说明对于对称负载来说，中线不起作用，有中线与无中线完全一样，所以可以省去中线。

当三相不对称负载星形联接时，在负载无中线时（或称为 Y 接法），三相负载的线电压与三相电源的线电压全相同。但是电源与负载的中点电压 $U_{NN'} \neq 0$，各相电压不同，线电压与相电压不存在 $\sqrt{3}$ 倍关系。在负载有中线时（或称为星形接法），三相负载的线电压和相电压与三相电源的线电压和相电压完全相同。所以三相负载的线电压仍然是相电压的 $\sqrt{3}$ 倍，即 $U_L = \sqrt{3}\,U_p$。但是由于三相负载不同，所以每相负载的电流不同，中线电流等于三相电流之和，不为零，即 $I_{NN'} \neq 0$。因此，不对称三相负载做星形联接时，必须采用三相四线制接法，即 Y_o 接法。而且中线必须牢固连接，以保证三相不对称负载的每相电压维持对称不变。倘若中线断开，会导致三相负载电压的不对称，致使负载轻的那一相的相电压过高，使负载遭受损坏；负载重的一相相电压又过低，使负载不能正常工作。对于三相照明负载，无条件地一律采用星形接法。

2. 三相负载三角形联接

设三相负载的首端和尾端分别为 $A'X$、$B'Y$、$C'Z$。三相负载三角形联接是将三个负载首尾相接，即 A 相的尾端 X 连接 B 相的首端 B'，B 相的尾端 Y 连接 C 相的首端 C'，C 相的尾端 Z 连接 A 相的首端 A'。三个负载的首端分别连接三相电源，如图 13-4 所示。

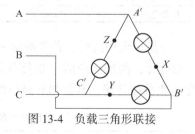

图 13-4 负载三角形联接

当三相对称负载三角形联接时，线电流 I_L 是相电流 I_p 的 $\sqrt{3}$ 倍，即 $I_L = \sqrt{3}\,I_p$。线电压 U_L 等于相电压 U_p，即 $U_L = U_p$。

当三相不对称负载三角形联接时，线电压 U_L 等于相电压 U_p，即

$U_L = U_P$。但是，由于每相负载不同，所以各相电流不同，线电流与相电流不存在 $\sqrt{3}$ 倍关系。但只要电源的线电压 U_L 对称，加在三相负载上的电压仍是对称的，对各相负载工作没有影响。

（三）电路故障的检测

检查三相电路故障最简单的方法，是用电压表测量各线电压和各相电压进行分析，判断故障点。

1. 星形联接电路故障的检测方法

将交流电压表的一端连接到三相电源的中点 N，电压表另一端分别连接 A'、B'、C'，如果某一相电压不等于三相电源相电压，说明此相电源线断开。

在星形有中线时，测量中点间电压 $U_{NN'}$，如果三相四线制 $U_{NN'} \neq 0$，说明中线断路。如果 $U_{NN'} = 0$，可能是负载对称无中线。断开其中一相（如 A 相）电源，如果 $U_{NN'} \neq 0$，说明中线断路。

如果星形有中线，首先测量三相负载线电压，然后分别依次断开三相电源，测量对应的三相负载线电压。如果出现表 13-1 情况，说明 A 相负载开路。其他相开路以此类推。

表 13-1　星形有中线 A 相负载开路判断表

项　目	A 相负载开路		
	$U_{A'B'}$	$U_{B'C'}$	$U_{C'A'}$
A 相电源开路	0	线电压	0
B 相电源开路	相电压	相电压	线电压
C 相电源开路	线电压	相电压	相电压

在星形无中线时，首先测量三相负载线电压，然后分别依次断开三相电源，测量对应的三相负载线电压。如果出现表 13-2 情况，说明 A 相负载开路。其他相开路以此类推。

表 13-2　星形无中线 A 相负载开路判断表

项　目	A 相负载开路		
	$U_{A'B'}$	$U_{B'C'}$	$U_{C'A'}$
A 相电源开路	0	线电压	0
B 相电源开路	线电压	0	线电压
C 相电源开路	线电压	0	线电压

在星形无中线时，测量对应的三相负载相电压。某一相电压（如 A 相）为零，其余两相电压不为零，但电压之和为线电压，则说明此相（如 A 相）短路。其他相短路以此类推。

2. 三角形联接电路故障的检测方法

首先测量三相负载线电压，然后分别依次断开三相电源，测量对应的三相负载线电压。如果出现表 13-3 情况，说明 A 相负载开路。其他相开路以此类推。

表 13-3　三角形接线 A 相负载开路判断表

项　目	A 相负载开路			
	$U_{A'B'}$	$U_{B'C'}$	$U_{C'A'}$	电压之间的关系
A 相电源开路	线电压	线电压	0	
B 相电源开路	线电压	0	线电压	
C 相电源开路	线电压	有数值	有数值	$\dot{U}_{B'C'} + \dot{U}_{C'A'} = \dot{U}_{B'A'}$

四、实验内容与步骤

（一）基本要求

1. 测量三相电源的相序

按图 13-1 接线，电容器电容为 $1\mu F$，其余每相的白炽灯为两只 10W 的白炽灯并联。观察每相白炽灯的亮暗，判断相序。将三相异步电机星型连接，连接到三相电源，观察异步电机的转速和转向。改变三相电源的相序，重新观察异步电机的转速和转向。

2. 研究负载星型连接时电压与电流的关系

按图 13-2 接线，将三相电阻负载按星形接法连接，接至三相对称电源。测量有中线时负载对称和不对称的情况下，各线电压、相电压、线电流、相电流和中线电流的数值。按图 13-3 接线，拆除中线后，测量负载对称和不对称，各线电压、相电压、线电流、相电流的数值。观察各灯泡的亮暗，测量负载中点与电源中点之间的电压，分析中线的作用。负载对称时，A、B、C 相均为 2 个灯；负载不对称时，A、B、C 相分别为 1、2、3 个灯。测量数据填入表 13-4 中。

表 13-4　负载星型连接时电压与电流的数据表

项目		线电压			相电压			相（线）电流			$I_{NN'}$	$U_{NN'}$
		$U_{A'B'}$	$U_{B'C'}$	$U_{C'A'}$	$U_{A'N'}$	$U_{B'N'}$	$U_{C'N'}$	I_A	I_B	I_C		
负载对称	有中线											
	无中线											
负载不对称	有中线											
	无中线											

3. 研究负载三角形连接时电压与电流的关系

按图 13-4 接线，将三相灯板接成三角形连接，测量在负载对称及不对称时的各线电压、相电压、线电流、相电流读数，分析它们互相间的关系。负载对称时，A、B、C 相均为 2 灯；负载不对称时，A、B、C 相分别为 1、2、3 灯。测量数据填入表 13-5 中。

表 13-5　负载三角形连接时电压与电流数据表

项　目	线电压/V			相电流/A			线电流/A			线电流/相电流		
	$U_{A'B'}$	$U_{B'C'}$	$U_{C'A'}$	$I_{A'B'}$	$I_{B'C'}$	$I_{C'A'}$	I_A	I_B	I_C	$I_A/I_{A'B'}$	$I_B/I_{B'C'}$	$I_C/I_{C'A'}$
负载对称												
负载不对称												

（二）扩展要求

1. 利用电压表检查星形电路故障

（1）将三相负载联接成三相四线制，断开三相电源中的一相（如 A 相），用电压表检查故障。自拟测量数据表格。并说明判断依据。

（2）将三相负载联接成三相四线制，断开一相负载（如 A 相），用一块电压表检查故障。自拟测量数据表格。并说明判断依据。

（3）将三相负载联接成三相三线制，将一相负载（如 A 相）短路，用电压表检查故障。自拟测量数据表格。并说明判断依据。

2. 利用电压表检查三角形电路故障

（1）将三相负载联接成三角形接线，断开三相电源中的一相（如 A 相），用电压表检查故障。自拟测量数据表格。并说明判断依据。

（2）将三相负载联接成三角形接线，断开一相负载（如 A 相），用电压表检查故障。自拟测量数据表格。并说明判断依据。

五、实验报告要求

（1）完成各实验数据表格的测量，用实验测得的数据验证对称三相电路中的 $\sqrt{3}$ 倍关系。

（2）用实验数据和观察到的现象，总结三相四线供电系统中中线的作用。

（3）不对称三角形联接的负载，能否正常工作，实验是否能证明这一点？

（4）总结用电压表检查三相电路故障的方法。

（5）心得体会及其他。

六、思考题

（1）三相负载根据什么条件作星形或三角形连接？

（2）复习三相交流电路有关内容，试分析三相星形连接不对称负载在无中线情况下，当某相负载开路或短路时会出现什么情况？如果接上中线，情况又将如何？

七、注意事项

（1）本实验采用三相交流市电，线电压为 380V，应穿绝缘鞋进入实验室。实验时要注意人身安全，不可触及导电部件，防止意外事故发生。

（2）每次接线完毕，学生应自查一遍，然后由指导教师检查后，方可接通电源。必须严格遵守先断电、再接线、后通电；先断电、后拆线的实验操作原则。

（3）星形负载做短路实验时，必须首先断开中线，以免发生短路事故。

实验十四 三相电路功率的测量

综合性实验（计划学时：4学时）

一、实验目的

（1）掌握用三瓦特表法、二瓦特表法测量三相电路有功功率的方法。

（2）掌握用一瓦特表法、二瓦特表法测量对称三相电路无功功率的方法。

（3）进一步熟练掌握功率表的接线和使用方法。

二、实验仪器设备

电工电子系统实验装置。

三、实验原理与说明

（一）三相电路的有功功率

1. 三瓦特表法测量有功功率

对于三相四线制供电的三相星形连接的负载（即 Y_0 接法），各相独立组成系统，互不干扰，相当于三个单相电路。可用三只功率表测量各相的有功功率 P_A、P_B、P_C，则三相负载的总有功功率 $\Sigma P = P_A + P_B + P_C$。这就是三瓦表法，如图 14-1 所示。若三相负载是对称的，则只需测量一相的功率，再乘以 3 即得三相总的有功功率（称为一瓦特表法）。

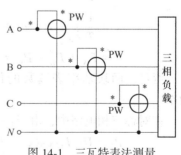

图 14-1　三瓦特表法测量
有功功率原理图

三瓦特表法测量有功功率是将功率表的电压线圈公共端接到中线

上。所以三瓦特表法测量有功功率的适用条件是三相电路必须有中线，即必须是三相四线制接线。

2. 测量二瓦特表法测量有功功率

三相三线制供电系统中，不论三相负载是否对称，也不论负载是Y接还是△接，都可用二瓦特表法测量三相负载的总有功功率。测量线路如图 14-2 所示。

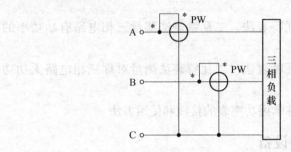

图 14-2　二瓦特表法测量有功功率原理图

三相三线制供电系统中，由于 $i_A = -(i_B + i_C)$，三相电路的瞬时功率可表示为：$p_1 = (u_A - u_C)i_A = u_{AC}i_A$，$p_2 = (u_B - u_C)i_A = u_{BC}i_B$

三相有功功率为：

$$P_1 + P_2 = \frac{1}{T}\int_0^T (u_A - u_C)i_A \cdot \mathrm{d}t + \frac{1}{T}\int_0^T (u_B - u_C)i_B \cdot \mathrm{d}t$$

$$= \frac{1}{T}\int_0^T u_A i_A \cdot \mathrm{d}t + \frac{1}{T}\int_0^T u_B i_B \cdot \mathrm{d}t + \frac{1}{T}\int_0^T u_C i_C \cdot \mathrm{d}t$$

$$= P_A + P_B + P_C = P$$

可见，两块功率表读数的代数和，正好等于三相负载的有功功率。

在对称三相电路中，由于：

$$P_1 = U_{AC}I_A\cos(\varphi - 30°) = U_L I_L\cos(\varphi - 30°)$$

$$P_2 = U_{BC}I_B\cos(\varphi + 30°) = U_L I_L\cos(\varphi + 30°)$$

式中，φ 为负载的阻抗角，即相电压与相电流的夹角。

则有：　　　　　$P_1 + P_2 = \sqrt{3}\, U_L I_L\cos\varphi = P$

如果 $\varphi = 0$，则 $P_1 = P_2$；

如果 $\varphi = \pm 60°$，则 $P_1 = P_2 = 0$；

如果 $\varphi > 60°$，则 $P_1 > 0$，$P_2 < 0$；

如果 $\varphi < -60°$，则 $P_1 < 0$，$P_2 > 0$。

因此，若负载为感性或容性，且当相位差 $|\varphi| > 60°$ 时，线路中的一只功率表指针将反偏（数字式功率表将出现负读数）。这时应将功率表电流线圈的两个端子调换（不能调换电压线圈端子），其读数应记为负值，而三相总功率 $\sum P = P_1 + P_2$。

注意：P_1、P_2 本身无任何物理意义。

二表法测量有功功率是功率表的电压线圈公共端接到 C 相上。所以二表法测量有功功率的适用条件是三相电路必须无中线即必须是三相三线制或三角形接线。

（二）测量对称三相负载无功功率

1. 二瓦特表法测量对称三相负载无功功率

单相交流电路的无功功率：$Q = UI\sin\varphi = UI\cos(90° - \varphi)$。如果改变接线方式，使功率表电压线圈上的电压 U 与电流线圈上的电压 I 之间的相位差为 $90° - \varphi$，这时有功功率表的读数就是无功功率了。

在对称三相电路中，电路如图 14-2 所示测量电路，由于：

$$P_1 = U_{AC}I_A\cos(\varphi - 30°) = U_L I_L\cos(\varphi - 30°)$$
$$P_2 = U_{BC}I_B\cos(\varphi + 30°) = U_L I_L\cos(\varphi + 30°)$$

式中，φ 为负载的阻抗角，即相电压与相电流的夹角。

而 $P_2 - P_1 = U_L I_L[\cos(\varphi + 30°) - \cos(\varphi + 30°)] = U_L I_L\sin\varphi$

所以，对称三相电路的无功功率：$Q = \sqrt{3}U_L I_L\sin\varphi = \sqrt{3}(P_2 - P_1)$。

因此，对于三相三线制供电的三相对称负载，可用二瓦特表法测得三相负载的总无功功率 Q。将两块功率表读数之差乘以 $\sqrt{3}$，即为对称三相电路总的无功功率。

2. 一瓦特表法测量对称三相负载无功功率

在对称三相电路中，电路如图 14-3 所示测量电路。线电压 U_{BC} 与相电压 U_A 之间的相位差为 90°。也就是线电压 U_{BC} 与相电流 I_A 之间的相位差为 $90° - \varphi$。因此，如果功率表的电压线圈测量线电压 U_{BC}，电流线圈测量相电流 I_A，则功率表的读数为：$Q' = UI\cos(90° - \varphi) = UI\sin\varphi$，而三相对称负载的无功功率为：$Q = \sqrt{3}\,UI\sin\varphi$，即把功率表的读数乘以 $\sqrt{3}$ 即可。

因此，对于三相三线制供电的三相对称负载，可用一瓦特表法测得三相负载的总无功功率 Q。将功率表读数乘以 $\sqrt{3}$，即为对称三相电路总的无功功率。

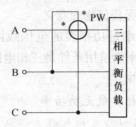

图 14-3 　一瓦特表法测量无功功率原理图

四、实验内容与步骤

（一）基本要求

1. 用三瓦特表法测量星形有中线三相负载的有功功率

按图 14-4 接线，负载三相四线制连接。用三瓦特表法分别测量对称电阻负载和不对称电阻负载两种情况下负载所消耗的三相有功功率。测量数据填入表 14-1 中。

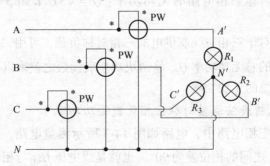

图 14-4 　三瓦特表法测量星形有中线连接实验电路

表 14-1　测量负载三相四线制连接时三相负载的功率数据表

项　目	三瓦特表法				二瓦特表法		
	P_A	P_B	P_C	P	P_1	P_2	P
对称电阻负载							
不对称电阻负载						—	

说明：负载对称时 A、B、C 相，均为二灯；负载不对称时，A、B、C 相分别为一、二、三灯。

2. 用二瓦特表法测量星形有中线三相对称负载的有功功率

按图 14-5 接线，负载三相四线制连接，用二瓦特表法测量对称负载情况下负载所消耗的三相有功功率。测量数据填入表 14-1 中。

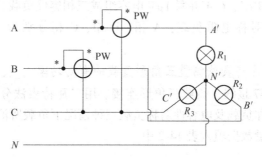

图 14-5　二瓦特表法测量星形无中线连接实验电路

3. 用二瓦特表法测量星形无中线负载的有功功率

按图 14-6 接线，负载星形无中线连接。用二瓦特表法分别测量对称负载、不对称负载及电容性对称负载三种情况下负载所消耗的三相有功功率。测量数据填入表 14-2 中。

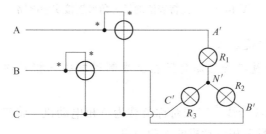

图 14-6　二瓦特表法测量星形无中线连接实验电路

表 14-2   测量负载三相三线制连接时三相负载的功率数据表

二瓦特表法		P_1	P_2	P
负载星形 无中线连接	对称电阻负载			
	不对称电阻负载			
	对称容性负载			
负载三角形连接	对称电阻负载			
	不对称电阻负载			
	对称容性负载			

说明：（1）对称电阻负载：A 相、B 相、C 相均为两灯。

（2）对称容性负载：A 相、B 相、C 相均为两灯；分别在三相负载的 $A'B'$、$B'C'$、$C'A'$ 并联 $1\mu F$ 电容组成三相容性负载。

（3）不对称电阻负载：A 相、B 相、C 相分别为一灯、二灯、三灯。

4. 用二瓦特表法测量三角形负载的有功功率

按图 14-7 接线，负载三角形连接。用二瓦特表法分别测量对称负载、不对称负载及电容性对称负载三种情况下负载所消耗的三相有功功率。测量数据填入表 14-2 中。

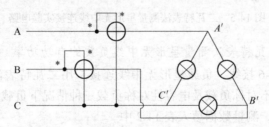

图 14-7   二瓦特表法测量三角形连接实验电路

（二）扩展要求

1. 用一瓦特表法测量三相三线制供电的三相对称负载的无功功率

按图 14-3 接线，三相对称负载为三相电动机。将三相电动机星形连接，测量三相电动机的无功功率。

将三相电动机三角形连接，测量三相电动机的无功功率。测量数据填入表14-3中。

表 14-3　测量三相三线制供电的三相对称负载的无功功率数据表

项　　目	Q_1	Q
负载星形无中线连接		
负载三角形连接		

2. 用二瓦特表法测量三相三线制供电的三相对称负载的无功功率

按图 14-2 接线，三相对称负载为三相电动机。将三相电动机星形连接，测量三相电动机的无功功率。

将三相电动机三角形连接，测量三相电动机的无功功率。测量数据填入表14-4中。

表 14-4　测量三相三线制供电的三相对称负载的无功功率数据表

项　　目	Q_1	Q_2	Q
负载星形无中线连接			
负载三角形连接			

五、实验报告要求

（1）根据测试数据，总结三相电路有功功率各种方法的适用条件。

（2）完成数据表格中各项测量和计算任务，比较二瓦特表法和三瓦特表法的测量结果及适用范围。

（3）根据测试数据，总结三相电路无功功率各种方法的优缺点。

（4）总结心得体会及其他。

六、思考题

（1）负载星形有中线连接时，在负载对称和不对称时能否使用二瓦特表法测量有功功率，为什么？

（2）测量功率时，为什么在线路中通常都有电流表和电压表？

七、注意事项

（1）本实验采用三相交流市电，线电压为380V，应穿绝缘鞋进实验室。实验时要注意人身安全，不可触及导电部件，防止意外事故发生。

（2）每次接线完毕，同学应自查一遍，然后由指导教师检查后，方可接通电源。必须严格遵守先断电、再接线、后通电；先断电、后拆线的实验操作原则。

实验十五 互感电路的研究

设计性实验（计划学时：4 学时）

一、实验内容与任务

（一）基本要求

1. 判断互感线圈的同名端

（1）直流法判断同名端。

按图 15-1 接线，线圈 1 通过开关 K 连接直流稳压电源，线圈 2 连接直流电流表（或直流电压表）。将直流稳压电源调到 3~5V，在开关闭合瞬间观察电表指针的偏转方向，判断同名端。如果在开关 K 闭合瞬间，直流电流表的指针正偏，则 1 与 2 是同名端，如果在开关 K 闭合瞬间，直流电流表的指针反偏，则 1 与 2′是同名端。

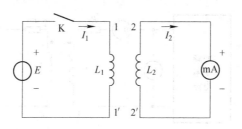

图 15-1 直流法判断同名端

但需注意直流电源只能在开关合闸瞬间接通线圈，看出电表偏转方向后即打开开关，线路中电流不超过 0.25A。

（2）交流法判断同名端。

按图 15-2 接线，线圈 1 接交流电压源电压为 10V，频率为 200Hz。将线圈 2 开路。用导线将两个线圈的 1′和 2′连接在一起（如图 15-2 中虚线所示）。用交流电压表分别测量电压 U_1（=10V）、U_2、U_{12}。若 U_{12} 是 U_1 和 U_2 之差，则 1 与 2 是同名端，若 U_{12} 是 U_1 和 U_2 之和，则 1 与 2′是同名端。

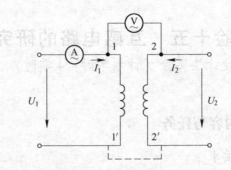

图 15-2　交流法判断同名端

2. 测量线圈自感系数

（1）测量线圈自感系数 L_1 和互感系数 M。

按图 15-3 接线（图中 R_1、R_2 分别表示线圈 1 和线圈 2 内的电阻），交流电源采用变频功率电源正弦波输出，调频率为 200Hz，按照表 15-2 给定的电压值调节电压。测量数据填入表 15-1 中。

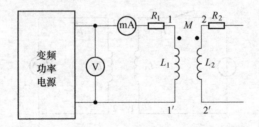

图 15-3　测量线圈自感系数 L_1 和互感系数 M 实验电路

表 15-1　线圈 2 开路测量

读数 次数	U_1 /V	I_1 /A	U_2 /V	I_2 /A	Z_1 /Ω	X_1 /Ω	L_1 /H	M /H	L_1 平均	M 平均
第一次	6									
第二次	8									
第三次	10									

线圈 1 电阻 R_1 =　　　Ω；频率 f = 200Hz

利用直流欧姆表直接测量出直流电阻 R_1，通过测量数据计算出自感系数 L_1 和互感系数 M。

（2）测量线圈自感系数 L_2 和互感系数 M。

按图 15-4 接线（图中 R_1、R_2 分别表示线圈 1 和线圈 2 内的电阻），交流电源采用变频功率电源正弦波输出，调频率为 200Hz，按照表 15-2 给定的电压值调节电压。测量数据填入表 15-2 中。

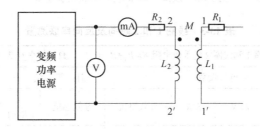

图 15-4　测量线圈自感系数 L_2 和互感系数 M 实验电路

表 15-2　线圈 1 开路测量

	线圈 2 电阻 R_2 = 　Ω；频率 f = 200Hz									
读数 次数	U_1 /V	I_1 /A	U_2 /V	I_2 /A	Z_2 /Ω	X_2 /Ω	L_2 /H	M /H	L_2 平均	M 平均
第一次	6									
第二次	8									
第三次	10									

利用直流欧姆表直接测量出直流电阻 R_2，通过测量数据计算出自感系数 L_2 和互感系数 M。

3. 测量互感系数

（1）将线圈 1 和线圈 2 顺接，测量 $L_{顺}$。

按图 15-5 接线，（图中 R_1、R_2 分别表示线圈 1 和线圈 2 内的电阻），交流电源采用变频功率电源正弦波输出，调频率为 200Hz，按照表 15-2 给定的电压值调节电压，测量数据填入表 15-3 中。

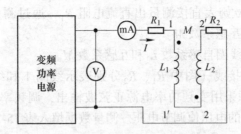

图 15-5　线圈 1 和 2 顺向串联实验电路

表 15-3　线圈 1 和 2 顺向及反向串联测量

线圈 1 和线圈 2 的等效电阻 $R = R_1 + R_2 =$　　　　Ω；频率 $f = 200$Hz							
连接方法	测量次数	电表读数		计　算　结　果			
		U/V	I/A	等效阻抗	等效感抗	L 平均	M 平均	K
顺向连接	1	6						
	2	8						
	3	10						
反向连接	1	2						
	2	4						
	3	6						

（2）将线圈 1 和线圈 2 反接，测量 $L_{反}$。

按图 15-6 接线（图中 R_1、R_2 分别表示线圈 1 和线圈 2 内的电阻），交流电源采用变频功率电源正弦波输出，调频率为 200Hz，按照表 15-2 给定的电压值调节电压，测量数据填入表 15-3 中。

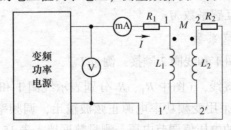

图 15-6　线圈 1 和 2 反向串联实验电路

利用直流欧姆表直接测量出直流电阻 R，通过测量数据计算出互感系数和耦合系数。注意，通电前，变频功率电源的输出一定为零。电流不超过 0.25A。

（二）扩展要求

（1）根据实验室条件，给定电容 1μF，设计用谐振法测量线圈自感系数的方案。

（2）根据设计方案设计出实验电路。

（3）拟定测量数据表格及实验步骤。

（4）用谐振法测量线圈的自感系数 L_1、L_2、$L_顺$ 和 $L_反$，并计算出互感系数 M 和耦合系数 K。

二、实验过程及要求

（1）预习互感相关知识及 RLC 串联电路谐振相关知识。

（2）分别利用直流法和交流法测量同名端，并进行比较两种方法的优缺点。

（3）用三表法分别测量 L_1 和 L_2 的自感系数。

（4）分别用互感电压法和等效电感法测量互感系数，进而求出耦合系数。检验两个互感系数是否存在误差，如果存在误差分析误差原因。

（5）根据实验室条件，设计用谐振法测量线圈的自感系数的方案及实验电路，并用谐振法测量线圈的自感系数 L_1、L_2，互感系数 M 和耦合系数 K。

（6）实验总结：对实验结果进行分析解释，总结实验的心得体会。

三、相关知识及背景

（1）实验涉及知识：互感电路相关知识及 RLC 串联电路谐振相关知识。

（2）实验运用的方法：测量的基本方法，电路的设计方法。

（3）提高的技能：实验操作技能，电路设计技能。

四、实验目的

（1）学会互感电路同名端、自感系数、互感系数及耦合系数的测定方法。

（2）通过两个具有互感耦合的线圈顺向串联和反向串联实验，加深理解互感对电路等效参数以及电压、电流的影响。

（3）初步掌握设计性实验的设计思路和方法。掌握利用谐振法测量自感系数的方法。

五、实验教学与指导

（一）判断线圈同名端的方法

1. 直流法判断同名端

如图 15-1 所示，用一直流电源经开关突然与互感线圈 1 接通，在线圈 2 的回路中接一直流毫安表（或电压表）。在开关 K 闭合的瞬间，线圈 1 回路中的电流 I_1 通过互感耦合将在线圈 2 中产生一互感电势，并在线圈 2 回路中产生一电流 I_2，使所接毫安表发生偏转。根据楞次定律及图示所假定的电流正方向，当毫安表正向偏转时，线圈 1 与电源正极相接的端点 1 与线圈 2 与直流毫安表正极相接的端点 2 便为同名端；如毫安表反向偏转，由此时线圈 2 与直流表负极相接的端点 2′ 和线圈 1 与电源正极相接的端 1 为同名端。

注意：上述判定同名端的方法仅在开关 K 闭合瞬间才成立。

2. 交流法判断同名端

如图 15-2 所示，将线圈 1 的一个端点 1′ 与线圈 2 的一个端 2′ 用导线联接（图 15-2 中虚线）。在线圈 1 两端加以交流电压，用电压表分别测出 1 及 1′ 两端与 1、2 两端的电压，分别为 U_{11} 与 U_{12}。如 $U_{12} > U_{11}$，则用导线连接的两个端点（1′ 与 2′）应为异名端（也即 1′ 与 2 以及 1 与 2′ 为同名端）。因为如果假定正方向为 U_{11}，当 1 与 2′ 为同名端时，线圈 2 中互感电压的正方向应为 $U_{2'2}$，所以 $U_{12} = U_{11} + U_{2'2}$（因 1′ 与 2′ 相连）必然大于电源电压 U_{11}。同理，如果 1、2 两端电压的读数 U_{12} 小于电源电压（即 $U_{12} < U_{11}$），此时 1′ 与 2′ 即为同名端。

（二）自感系数的测定

1. 三表法测量自感系数

线圈自感系数的测定可通过三表法测量，即利用电压表、电流表、功率表三块仪表进行测量。通过功率表与电流表计算出线圈的电阻，其计算公式为 $R = \dfrac{P}{I^2}$。再通过电压表和电流表计算出阻抗，其计算公式为 $Z = \dfrac{U}{I}$。进一步计算出感抗，其计算公式为 $X_L = \sqrt{Z^2 - R^2}$。利用 $X_L = \omega L$ 即可计算出自感系数 L。

如果利用直流欧姆表直接测量出直流电阻 R，则利用电压表和电流表分别测出电压 U 和电流 I，就可以计算出自感系数 L。

2. 谐振法测量自感系数

根据 RLC 串联电路谐振的特点，当电路发生谐振时，有 $\omega_0 L = \dfrac{1}{\omega_0 C}$。利用标准电容 C 与待测电感串联形成 RLC 串联电路，调节电源频率使电路发生谐振，找出谐振频率 ω_0，则可以计算出自感系数 L。

（三）互感系数的测定

1. 互感电压法

测定互感电势可将两个具有互感耦合的线圈中的一个线圈（例如线圈 2）开路而在另一个线圈（线圈 1）上加以一定交流电压，用电流表测出这一线圈中的电流 I_1，同时用电压表测出线圈 2 的端电压 U_2（如图 15-3 所示）。如果所用的电压表内阻很大，可近似地认为 $I_2 = 0$（即线圈 2 可看作开路），这时电压表的读数就近似地等于线圈 2 中互感电势 E_{2M}，即：

$$U_2 \approx E_{2M} = \omega M I_1$$ 可算出互感系数 M 为 $M \approx \dfrac{U_2}{\omega \cdot I_1}$。式中，$\omega$ 为电源的角频率。

2. 等效电感法

将两个具有互感耦合的线圈顺向串联（顺接）和反向串联（反

接)。

当两线圈顺接时（如图 15-5 所示），则有：

$$U = (R_1 + j\omega L_1)I + j\omega MI + (R_2 + j\omega L_2)I + j\omega MI$$
$$= [(R_1 + R_2) + j\omega(L_1 + L_2 + 2M)]I$$
$$= R + j\omega L_{顺}I$$

式中，$R = R_1 + R_2$ 为顺接时电路的等效电阻；$L_{顺} = L_1 + L_2 + 2M$ 为顺接时电路的等效电感。

当两个线圈反接时（如图 15-6 所示），则有：

$$U = (R_1 + j\omega L_1)I - j\omega MI + (R_2 + j\omega L_2)I - j\omega MI$$
$$= [(R_1 + R_2) + j\omega(L_1 + L_2 - 2M)]I$$
$$= R + j\omega L_{反}I$$

式中，$R = R_1 + R_2$ 为反接时电路的等效电阻；$L_{反} = L_1 + L_2 - 2M$ 为反接时电路的等效电感。

如果利用直流欧姆表直接测量出两个线圈的直流电阻 R_1 和 R_2，在用电压表和电流表分别测出顺接和反接时的电压 U 和电流 I，则可分别计算出顺接和反接时的等效阻抗：

$$\frac{U_{顺接}}{I_{顺接}} = Z_{顺接} = \sqrt{R^2 + (\omega L_{顺接})^2}, \quad \frac{U_{反接}}{I_{反接}} = Z_{反接} = \sqrt{R^2 + (\omega L_{反接})^2}$$

由上式即可计算出 $L_{顺}$ 和 $L_{反}$，进而可计算出 $M = \dfrac{L_{顺} - L_{反}}{4}$。

当两线圈用正、反两种方法串联后，加以同样电压，电流数值大的一种接法是反向串联，小的一种接法是顺向串联。由此可定出极性（同名端）。

（四）耦合系数 K 的测量

两个互感线圈耦合松紧的程度可用耦合系数 K 来表示：$K = M/\sqrt{L_1 L_2}$。利用上述方法分别测量出 M、L_1、L_2，即可算出 K 值。

六、实验报告要求

（1）写出实验名称、班级、姓名、学号、同组人员等基本信息。

（2）写出实验的目的和意义。

（3）完成测量数据表格及其相关计算。

（4）总结对互感线圈同名端、互感系数的测试方法。

（5）完成用谐振法测量线圈的自感系数的实验步骤及数据表格。

（6）写出对数据记录与处理的过程，包括实验时的原始数据、分析结果的计算以及误差分析结果等。

（7）写出对实验的自我评价，总结实验的心得体会并提出建议。

七、思考题

（1）用直流法判断同名端时，将开关闭合和断开，判断同名端的结果是否一致？

（2）试说明交流法判断同名端的原理及其优点。

实验十六　RC 电路的暂态响应

验证性实验（计划学时：2 学时）

一、实验目的

（1）测定一阶 RC 电路的各种响应，并从响应曲线中求出 RC 电路时间常数 τ。

（2）熟悉用一般电工仪表进行上述实验测试的方法。

二、仪器设备

电工电子系统实验装置。

三、原理与说明

图 16-1 中 RC 电路的零状态响应为：

$$i = \frac{U_{\text{S}}}{R}\text{e}^{-\frac{t}{\tau}}, \ u_{\text{C}} = U_{\text{S}}(1 - \text{e}^{-\frac{t}{\tau}})$$

式中，$\tau = RC$ 是电路的时间常数。

图 16-2 所示 RC 电路的零输入响应为：

$$i = \frac{U_{\text{S}}}{R}\text{e}^{-\frac{t}{\tau}}, \ u_{\text{C}} = U_{\text{S}}\text{e}^{-\frac{t}{\tau}}$$

式中，$\tau = RC$ 为电路的时间常数。

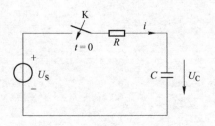

图 16-1　RC 电路零状态响应

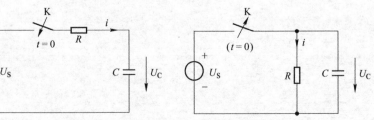

图 16-2　RC 电路零输入响应

在电路参数、初始条件和激励都已知的情况下，可直接写出上述响应的函数式。如果用实验方法来测定电路的响应，可以用示波器等记录仪器记录响应曲线。但如果电路时间常数 τ 足够大（如 10s 以上），则可用一般电工仪表逐点测出电路在换路后各给定时刻的电流或电压值，然后画出 $i(t)$ 或 $U_C(t)$ 的响应曲线。

根据实验所得响应曲线，确定时间常数 τ 的方法如下：

（1）在图 16-3 曲线中任取两点 $P(t_1, i_1)$ 和 $Q(t_2, i_2)$，由于这两点都满足关系式：

$$i = \frac{U_S}{R} \mathrm{e}^{-\frac{t}{\tau}}$$

可得时间常数：

$$\tau = \frac{t_2 - t_1}{\ln(i_1/i_2)}$$

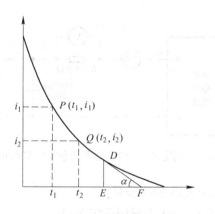

图 16-3　零输入响应曲线

（2）在曲线上任取一点 D，作切线 $\overline{DF}$ 及垂线 $\overline{DE}$，则次切距为：

$$\overline{EF} = \frac{\overline{DE}}{\tan\alpha} = \frac{i}{-\mathrm{d}i/\mathrm{d}t} = \frac{i}{i\left(\dfrac{1}{\tau}\right)} = \tau$$

（3）根据时间常数的定义也可由曲线求 τ。

对应于曲线上 i 减小到初值 $I_0 = \dfrac{U_S}{R}$ 的 36.8% 时的时间，即为 τ。

四、实验内容与步骤

（一）基本要求

1. 测定 RC 一阶电路零状态响应

按图 16-4 接线，图中 C 为 1000μF/50V 大容量电解电容器，实际电容量由实验测定 τ 后求出 $C = \tau/R$。因电解电容器的容量误差允许为 -50% ~ +100%，且随时间变化较大，以当时实测为准。另外，电解电容器是有正负极性的，如果极性接反了，漏电流会大量增加，甚至会因内部电流的热效应过大而烧毁电容器，使用时必须特别注意。

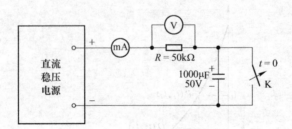

图 16-4　测定 RC 一阶电路零状态响应实验电路图

（1）测定 $i_C = f(t)$ 曲线步骤：

1）闭合开关 K，mA 表量限选定 2mA。

2）调节直流电压 U 至 20V，记下 $i_C = f(0)$ 值。

3）打开 K 的同时进行时间计数，每隔一定时间迅速读记 i_C 值（也可每次读数均从 $t = 0$ 开始）。响应起始部分电流变化较快，时间间隔可取 5s；以后电流缓变部分，可取更长间隔（计时器可用手表）。

为了能较准确地直接读取时间常数 τ，可重新闭合开关 K，并先计算好 $0.368 i_C(0)$ 的值。打开 K 后，读取电流表在 $t = \tau$ 时的值。测量结果填入表 16-1 中。

表 16-1   RC 电路零状态响应 i_C 曲线数据表　$U=$ 　;$R=$ 　;$C=$

T	0									
i_C										

（2）测定 $u_C = f(t)$ 曲线步骤：在 R 上并联 JDV-21 直流电压表，量限 20V（因为电压表内阻比较大，而电容的直流电阻也比较大，如果电压表直接测量电容电压会产生较大误差，所以不能直接测量电容电压）。闭合 K，使 $U=20$V，并保持不变。打开 K 的同时进行时间记数，方法同上。计算 $U_C = U - U_R$。测量结果填入表 16-2 中。

表 16-2   RC 电路零状态响应 u_C 曲线数据表　$U=$ 　;$R=$ 　;$C=$

T	0								
U_R									
U_C									

2. 测定 RC 一阶电路零输入响应

按图 16-5 接线。V 表为 JDV-21 直流电压表，其各量限内阻均为 4MΩ 电阻的精度 0.1%。测定 $i_C = f(t)$ 及 $u_C = f(t)$ 曲线步骤为：闭合 K，调节 $U=20$V。打开 K 的同时进行时间计数，方法同上。计算 $i_C = U_C/R_V = U_C/4$MΩ。测量结果填入表 16-3 中。

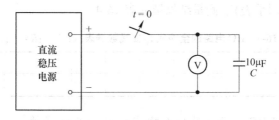

图 16-5　测定 RC 一阶电路零输入响应实验电路图

表 16-3　RC 电路零输入响应数据表

U				R_S					R		
T	0										
U_C											
i_C											

（二）扩展要求

1. 测定 RC 一阶电路的全响应的 $i_C = f(t)$ 曲线

接线如图 16-6 所示，将直流稳压电源 1 的电压调到 20V，将直流稳压电源 2 的电压调到 10V。

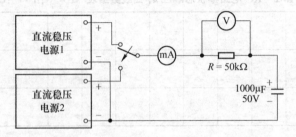

图 16-6　RC 电路的全响应实验电路图

开关合向直流稳压电源 1，经过一定时间（达到稳态）后，记下 $i_C = f(0)$ 值。开关合到直流稳压电源 2，同时进行时间计数，每隔一定时间迅速读记 i_C 值（也可每次读数均从 $t=0$ 开始）。响应起始部分电流变化较快时间间隔可取 5s，以后电流缓变部分，可取更长间隔（计时器可用手表）。测量结果填入表 16-4。

表 16-4　RC 电路的全响应 i_C 曲线数据表　　$U=$　　;$R=$　　;$C=$

T	0							
i_C								

2. 测定 RC 一阶电路的全响应的 $u_C = f(t)$ 曲线

在 R 上并联直流电压表，量限 20V。开关合向直流稳压电源 1，经过一定时间（达到稳态）后，开关合到直流稳压电源 2，同时进行时间记数，方法同上。计算 $U_C=U-U_R$。测量结果填入表 16-5。

表 16-5　RC 电路的全响应 u_R、u_C 曲线数据表　$U=$　　;$R=$　　;$C=$

T	0							
U_R								
U_C								

五、实验报告要求

（1）完成 RC 一阶电路两种响应的实验测试。

（2）绘制 $u_C=f(t)$ 及 $i_C=f(t)$ 两种响应曲线。

（3）用不同方法求出时间常数 τ，并加以比较。

（4）总结收获和体会。

（5）回答思考题。

六、思考题

（1）测定 RC 一阶电路零状态响应时，为什么不直接用电压表测量 U_C，而是通过测量 U_R，计算得出 U_C。

（2）测定 RC 一阶电路零输入响应时，在电路中用电流表测量电流可以吗，为什么？

实验十七　波形变换器的设计与测试

设计性实验（计划学时：4学时）

一、实验内容与任务

1. 基本要求

设计 RC 微分电路，给定电阻 $R = 50\Omega$。该电路满足以下要求：

（1）使频率为（1 + 学号 × 0.1）kHz 幅度为 4V（峰峰值）的方波电压，通过此电路变为尖脉冲电压（学号为从 1 号开始向后排列）。

（2）当尖脉冲的占空比小于 0.3 时，计算电容值。用示波器测量方波的幅值和频率。用示波器测量尖脉冲波形的时间常数、脉冲宽度以及幅值和频率。

（3）当尖脉冲的占空比大于 0.3 小于 0.6 时，计算电容值，用示波器测量方波的幅值和频率。用示波器测量尖脉冲波形的时间常数、脉冲宽度以及幅值和频率。

（4）当尖脉冲的占空比大于 0.9 时，计算电容值，用示波器测量方波的幅值和频率。用示波器测量尖脉冲波形的时间常数、脉冲宽度以及幅值和频率。

2. 扩展要求

设计 RC 积分电路，给定电容 $C = 0.1\mu F$。该电路满足以下要求：

（1）使频率为（1 + 学号 × 0.1）kHz，幅度为 5V（峰峰值）的方波电压通过此电路变为三角波电压（学号为从 1 号开始向后排列）。

（2）若使三角波的线性度小于 5%，选取电阻值。用示波器测量方波的幅值和频率。用示波器测量三角波幅值和线性度。

（3）若使三角波的线性度大于 5% 并且小于 10%，选取电阻值。用示波器测量方波的幅值和频率。用示波器测量三角波幅值和线性度。

（4）若使三角波的线性度大于 20%，选取电阻值。用示波器测量方波的幅值和频率。用示波器测量三角波幅值和线性度。

二、实验过程及要求

（1）学习实验原理：学习一阶电路的零输入响应、零状态响应以及全响应的内容以及时间常数的测量方法。学习波形转换的条件。学习占空比的概念及其相关计算。学习线性度的概念及其计算。学习示波器的使用。

（2）实验方案设计：首先选择电路结构，然后根据给定条件计算出元件取值范围。选定元件数值，进行验算，与给定参数比较，不合适时则重新选定。

（3）利用 Multisim 仿真：将设计结果利用 Multisim 仿真观察是否与设计结果一致。不一致时则检查原因，修改设计。

（4）实验过程：根据设计数据到实验室完成电路连接与测试，根据实验要求，用示波器测量其数值。

（5）数据测量：根据实验要求测量的数据拟定表格，将实验数据记入表格。

（6）实验总结：对实验结果进行分析解释，总结实验的心得体会。

三、相关知识及背景

1. 占空比的概念

占空比是指高电平在一个周期之内所占的时间比率，如图 17-1 所示，T_s 为脉冲周期；T_w 为脉冲宽度。脉冲宽度和周期之比称为占空比。占空比越大，电压持续时间越长。

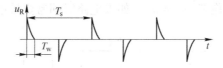

图 17-1　脉冲宽度与占空比示意图

2. 线性度的概念

线性度表示非线性曲线接近规定直线的吻合程度。具体定义如下：

非线性曲线的纵坐标与同一横坐标下的规定直线的纵坐标之间的偏差的最大值与该规定直线的纵坐标的百分比，称为线性度（线性度又称为"非线性误差"），即：

$$\delta = \frac{y_i - y_P}{y_P} \times 100\%$$

式中，y_i 为非线性曲线的纵坐标；y_P 为规定直线的纵坐标。

显然，该值越小，表明线性特性越好。

本实验的曲线为指数曲线。为计算方便，近似认为在直线的 1/2 处产生的偏差为最大偏差。

四、实验目的

（1）学习用示波器观察和分析电路的响应。

（2）研究 RC 电路在方波脉冲激励情况下，响应的基本规律和特点。

（3）了解设计简单的 RC 微分电路的方法。

（4）了解设计简单的 RC 积分电路的方法。

五、实验教学与指导

1. 一阶 RC 电路的方波响应

一阶 RC 串联电路如图 17-2 所示，图 17-3 所示的方波为电路的激励。从时间 $t = 0$ 开始，因激励为 u_i，其电容电压为：$u_C = u_i(1 - e^{-\frac{t}{\tau}})$，为零状态响应（设电容初始电压为零）。当 $t = 0$ 时，$u_C = 0$。当 $t = 5\tau$ 时达到稳态，$u_C = u_i$。如果电路时间常数较小，则在 $0 \sim t_1$ 响

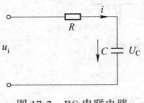

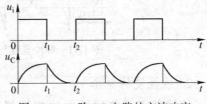

图 17-2　RC 串联电路　　　　图 17-3　一阶 RC 电路的方波响应

应时间范围内，电容充电可以达到稳态值 u_i。因此，在 $0 \sim t_1$ 范围内，$u_C(t)$ 为零状态响应。

从时间 $t = t_1$ 开始，因激励为零，其电容电压 $u_C = u_i \mathrm{e}^{-\frac{t}{\tau}}$，为零输入响应；当 $t = t_1$ 时，$u_C = u_i$；当 $t = 5\tau$ 时达到稳态 $u_C = 0$。如果电路时间常数较小，电容 C 在 $t_1 \sim t_2$ 范围内放电完毕，这段时间范围内电路响应为零输入响应。第二周期重复第一周期过程。

2. 微分电路

一阶 RC 串联电路在一定条件下，可以近似构成微分电路。微分电路是一种常用的波形变换电路，它可以将方波电压转换成尖脉冲电压。图 17-4 所示为一种最简单的微分电路。

对于一阶 RC 电路，认为经过 5τ，过渡过程完毕。当电路时间常数远小于输入的方波脉冲 T_0 时，则在方波电压作用的时间内，电容器暂态过程可以认为早已结束，于是暂态电流或电阻上的电压就是一个正向尖脉冲，如图 17-5 所示。在方波电压结束时，输入电压跳至零，电容器放电，放电电流在电阻上形成一个负向尖脉冲。因时间常数相同，所以正负尖脉冲波形相同。由于 $T_0 \gg RC$，所以暂态持续时间极短，电容电压波形接近输入方波脉冲，故有 $U_C(T) \approx u_1(t)$。

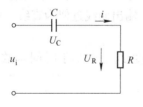

图 17-4　RC 微分电路　　　　图 17-5　RC 微分电路方波响应

因为
$$i_C(t) = C \frac{\mathrm{d} U_C(t)}{\mathrm{d} t}$$

所以
$$u_R(t) = RC \frac{\mathrm{d} U_C(t)}{\mathrm{d} t} \approx RC \frac{\mathrm{d} U_i(t)}{\mathrm{d} t}$$

该式说明，输出电压 $u_R(t)$ 近似与输入电压 $u_i(t)$ 的微分成正比，因此称为微分电路。微分电路输入为方波，输出为尖脉冲，脉冲宽度

为 5τ。

在设计微分电路时，通常应使方波电压宽度 T_0 至少大于时间常数 τ 的 5 倍以上，即：$\tau \leqslant \dfrac{T_0}{5}(\tau = RC)$。

例 17-1 频率为 5kHz 的方波，已知 $R = 50\Omega$，试设计 RC 微分电路，使尖脉冲的占空比小于 0.3。

解：周期 $T = 0.2\text{ms}$，$T_0 = 0.1\text{ms}$，$t = 5\tau$ 过渡过程完毕，即脉宽为 5τ，$\dfrac{5\tau}{0.1\text{ms}} < 0.3$，因此 $\tau < 6 \times 10^{-6}\text{s}$。因为 $R = 50\Omega$，所以 $C < 0.12\mu\text{F}$。

3. 积分电路

积分电路是另一种常用的波形变换电路，它是将方波变换成三角波的一种电路。最简单的积分电路也是一种 RC 串联分压电路，如图 17-6 所示。只是它的输出是电容两端电压 $u_C(t)$，且电路的时间常数 τ 远大于方波脉冲持续时间 T_0，如图 17-7 所示。

又因为输出电压

$$u_C(t) = \frac{1}{C}\int i(t)\,\mathrm{d}t = \frac{1}{C}\int \frac{U_i(t)}{R}\mathrm{d}t = \frac{1}{RC}\int U_i(t)\,\mathrm{d}t$$

该式说明，输出电压 $u_C(t)$ 近似与输入电压 $u_i(t)$ 的积分成正比，因此称为积分电路。由于时间常数非常大，输出曲线近似为直线，所以输出为三角波。

在设计积分电路时，通常应使脉冲宽度 T_0 至少小于时间常数 τ 的 1/5 以上，即：$\tau \geqslant 5T_0(\tau = RC)$。

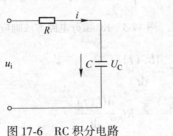

图 17-6　RC 积分电路　　　　图 17-7　RC 积分电路方波响应

例 17-2　频率为 5kHz、幅度为 5V（峰峰值）的方波，试设计 RC 积分电路，使三角波的线性度小于 5%，选取电阻值。

解：输出曲线方程：$u_C = u_i(1 - e^{-\frac{t}{\tau}}) = 5(1 - e^{-\frac{t}{\tau}})$。

已知：$C = 0.1\mu F$，周期 $T = 0.2ms$，$T_0 = 0.1ms$；若满足要求，则应有 $\tau \geqslant 5T_0 = 0.5ms$；取 $\tau = 6T_0 = 6 \times 0.1ms = 0.6ms$，则 $R = 6k\Omega$。

输出曲线方程：　　$u_C = 5(1 - e^{-1666.67t})$

$t = 0.1ms$ 时，$u_C = 5(1 - e^{-1666.67t}) = 5(1 - e^{-0.1667}) = 0.768V$

$t = 0.05ms$ 时，$u_C = 5(1 - e^{-1666.67t}) = 5(1 - e^{-0.08333}) = 0.4V$

所以，$t = 0.05ms$ 时，$y_P = 0.384V$，$y_i = 0.4V$。

$$\delta = \frac{y_i - y_P}{y_P} \times 100\% = \frac{0.4 - 0.384}{0.384} = 4.2\%，选取。$$

说明：若线性度不满足设计要求，则应根据已经计算出的线性度，重新选取时间常数 τ，并计算线性度，直至线性度满足要求为止。

六、实验报告要求

（1）写出实验名称、班级、姓名、学号、同组人员等基本信息。

（2）写出实验的目的和意义，实验使用的设备名称及材料清单。

（3）写出根据实验内容与任务完成的实验电路的设计方案及方案论证。写出设计过程与步骤，以及对实验电路参数进行计算与选择和对实验电路进行的仿真分析。

（4）观察并描绘微分电路的三组波形，并根据波形计算占空比。

（5）观察并描绘积分电路的三组波形，并根据波形计算线性度。

（6）写出对数据记录与处理的过程，包括实验时的原始数据、分析结果的计算以及误差分析结果等。

（7）写出对实验的自我评价。总结实验的心得体会并提出建议。

七、思考题

（1）微分电路中电容 C 变化时，对输出脉冲幅度是否有影响，为什么？

（2）积分电路中电阻 R 变化时，对输出波形有何影响，为什么？

实验十八　线性无源二端口网络的设计与测试

设计性实验（计划学时：4 学时）

一、实验内容与任务

（一）基本要求

（1）根据图 18-1 给出的电路拓扑图设计电路参数，使电路满足以下条件：

1）学号单号同学给定电阻 $R_2 = 3k\Omega$，$R_6 = R_1 + 1k\Omega$；学号双号同学给定电阻 $R_2 = 6k\Omega$，$R_6 = R_1 + 2k\Omega$。

2）$R_4 = R_5 = (3 \times 学号)k\Omega$。

3）当在端口 ab 端加 20V 电压时，端口 cd 的开路电压为 4V。

4）当在端口 cd 端加 20V 电压时，端口 cd 的开路电压为 3V。

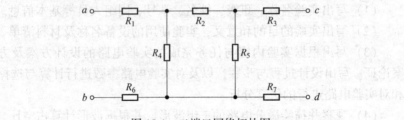

图 18-1　二端口网络拓扑图

（2）按图 18-1 连接电路，自拟表格，测量并记录此二端口网络的四种参数（H、Z、Y、T）。

（3）验证参数 H、Z、Y 与 T 之间的关系。

（二）扩展要求

（1）求出图 18-1 电路的 T 形等效电路，并用电阻箱组成二端口网络的 T 形等效电路。测量电路的传输参数（T 参数）并与原电路的传输参数进行比较，验证 T 形等效电路成立。

（2）求出图 18-1 电路的 π 形等效电路，并用电阻箱组成二端口

网络的 π 形等效电路。测量电路的传输参数（T 参数）并与原电路的传输参数进行比较，验证 π 形等效电路成立。

二、实验过程及要求

（1）自学预习电阻的选择与计算、电路的设计方法的相关知识。自学预习仿真软件。

（2）学习戴维南定理、电路的基本定律等内容，应用所学知识，根据给定条件设计电路参数。

（3）设计完成后要经过仿真实验验证设计结果是否正确，然后再组成实验电路进行实验操作。

（4）设计测量四种参数（Y、Z、H、T）实验步骤及测量数据表格。测试完成后，与计算值进行比较，判断测试是否正确，分析误差原因。

（5）组成 T 形等效电路，测量电路的传输参数（T 参数），并与原电路的传输参数进行比较。

（6）组成 π 形等效电路，测量电路的传输参数（T 参数），并与原电路的传输参数进行比较。

（7）完成实验任务后，向指导教师报告。指导教师根据实验测量数据，给出实验操作成绩。

三、相关知识及背景

（1）实验涉及知识：二端口网络及其等效电路的相关知识，电阻的 Y-△ 变换及戴维南定理和诺顿定理的相关知识，电阻的计算与选择的相关知识，实验测量的相关知识。运用仿真软件的相关知识。

（2）实验运用的方法：测量的基本方法、电路的设计方法。

（3）实验提高的技能：电路的元器件的选择与识别技能、实验操作技能。

四、实验目的

（1）通过设计电路掌握实验电路的设计思想和方法，正确选择实验设备。

（2）学习无源线性二端口网络四种参数的测试方法。

（3）了解无源线性二端口网络四种参数之间的关系。

（4）掌握无源线性二端口网络的等效方法，加深对等效电路的理解。

（5）掌握利用计算机分析问题解决问题的方法。

五、实验教学与指导

（一）无源线性二端口及其参数

1. 无源线性二端口

如果一个复杂的电路只有两个端子向外连接，而且只研究外接电路时，则这个电路可视为一端口电路。对于一端口电路，可以利用戴维南定理或诺顿定理得到一端口电路的等效电路，然后计算等效电路，则可以大大简化电路的计算过程。

在工程实际中还经常遇到涉及两对端子（两个端口）之间的关系，如变压器、滤波器等电路。对于这些电路，可以把两个端口之间的电路概括在一个方框中，如图 18-2 所示。如果对于任何时间，从端口 1 流入的电流 I_1 等于从端口 1 流出的电流 I_1，从端口 2 流入的电流 I_2 等于从端口 2 流出的电流 I_2，这种电路称为二端口网络，简称二端口。

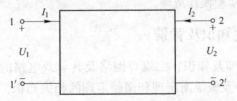

图 18-2　无源线性二端口网络

如果二端口网络中不含有电源，而且由线性元件（线性电阻、线性电感、线性电容和线性受控源）组成，称为无源线性二端口网络。

对于任何一个复杂的无源线性二端口网络，人们所关心的只是输入端口和输出端口的电压和电流之间的相互关系，不论二端口网络多么复杂，总可以找到一个等效的二端口网络来代替原来复杂的网络。

而该等效电路两对端口的电压和电流之间的关系，与原来网络对应的端口的电压和电流间的关系完全相同。这就是所谓的"黑盒理论"的基本内容。

复杂的二端口网络是很难用计算分析方法求得其等效电路的。因此，在实际当中一般都是用实验测试的方法来解决。

2. 二端口网络参数

一个二端口网络两个端口的电压和电流四个变量之间的关系，可以用多种形式的参数方程来描述。

如图 18-2 所示，对于一个无源线性二端口网络，其传输方程可以写为：$\begin{cases} \dot{U}_1 = A\dot{U}_2 - B\dot{I}_2 \\ \dot{I}_1 = C\dot{U}_2 - D\dot{I}_2 \end{cases}$，写成矩阵形式：

$$\begin{bmatrix} \dot{U}_1 \\ \dot{I}_1 \end{bmatrix} = \begin{bmatrix} A & B \\ C & D \end{bmatrix} \begin{bmatrix} \dot{U}_2 \\ -\dot{I}_2 \end{bmatrix} = T \begin{bmatrix} \dot{U}_2 \\ -\dot{I}_2 \end{bmatrix}$$

其中，$A = \dfrac{\dot{U}_1}{\dot{U}_2}\bigg|_{\dot{I}_2=0}$，$B = \dfrac{\dot{U}_1}{-\dot{I}_2}\bigg|_{\dot{U}_2=0}$，$C = \dfrac{\dot{I}_1}{\dot{U}_2}\bigg|_{\dot{I}_2=0}$，$D = \dfrac{\dot{I}_1}{-\dot{I}_2}\bigg|_{\dot{U}_2=0}$ 称为二端口的一般参数、传输参数、T 参数、A 参数。

定义：$T = \begin{bmatrix} A & B \\ C & D \end{bmatrix}$。$T$ 称为 T 参数矩阵。

电压和电流四个变量之间的关系还可以用下面的方程来描述：

$$\begin{cases} \dot{I}_1 = Y_{11}\dot{U}_1 + Y_{12}\dot{U}_2 \\ \dot{I}_2 = Y_{21}\dot{U}_1 + Y_{22}\dot{U}_2 \end{cases}$$

写成矩阵形式：

$$\begin{bmatrix} \dot{I}_1 \\ \dot{I}_2 \end{bmatrix} = \begin{bmatrix} Y_{11} & Y_{12} \\ Y_{21} & Y_{22} \end{bmatrix} \begin{bmatrix} \dot{U}_1 \\ \dot{U}_2 \end{bmatrix} = Y \begin{bmatrix} \dot{U}_1 \\ \dot{U}_2 \end{bmatrix}$$

其中，$Y_{11} = \dfrac{\dot{I}_1}{\dot{U}_1}\bigg|_{\dot{U}_2=0}$，$Y_{21} = \dfrac{\dot{I}_2}{\dot{U}_1}\bigg|_{\dot{U}_2=0}$，$Y_{12} = \dfrac{\dot{I}_1}{\dot{U}_2}\bigg|_{\dot{U}_1=0}$，$Y_{22} = \dfrac{\dot{I}_2}{\dot{U}_2}\bigg|_{\dot{U}_1=0}$

称为二端口的 Y 参数。

定义：$Y = \begin{bmatrix} Y_{11} & Y_{12} \\ Y_{21} & Y_{22} \end{bmatrix}$。$Y$ 称为 Y 参数矩阵。

电压和电流四个变量之间的关系还可以用下面方程来描述：

$$\begin{cases} \dot{U}_1 = Z_{11}\dot{I}_1 + Z_{12}\dot{I}_2 \\ \dot{U}_2 = Z_{21}\dot{I}_1 + Z_{22}\dot{I}_2 \end{cases}$$

写成矩阵形式：

$$\begin{bmatrix} \dot{U}_1 \\ \dot{U}_2 \end{bmatrix} = \begin{bmatrix} Z_{11} & Z_{12} \\ Z_{21} & Z_{22} \end{bmatrix} \begin{bmatrix} \dot{I}_1 \\ \dot{I}_2 \end{bmatrix} = Z \begin{bmatrix} \dot{I}_1 \\ \dot{I}_2 \end{bmatrix}$$

其中，$Z_{11} = \dfrac{\dot{U}_1}{\dot{I}_1}\bigg|_{\dot{I}_2=0}$，$Z_{21} = \dfrac{\dot{U}_2}{\dot{I}_1}\bigg|_{\dot{I}_2=0}$，$Z_{12} = \dfrac{\dot{U}_1}{\dot{I}_2}\bigg|_{\dot{I}_1=0}$，$Z_{22} = \dfrac{\dot{U}_2}{\dot{I}_2}\bigg|_{\dot{I}_1=0}$

称为二端口的 Z 参数。

定义：$Z = \begin{bmatrix} Z_{11} & Z_{12} \\ Z_{21} & Z_{22} \end{bmatrix}$。$Z$ 称为 Z 参数矩阵。

电压和电流四个变量之间的关系还可以用下面方程来描述：

$$\begin{cases} \dot{U}_1 = H_{11}\dot{I}_1 + H_{12}\dot{U}_2 \\ \dot{I}_2 = H_{21}\dot{I}_1 + H_{22}\dot{U}_2 \end{cases}$$

写成矩阵形式：

$$\begin{bmatrix} \dot{U}_1 \\ \dot{I}_2 \end{bmatrix} = \begin{bmatrix} H_{11} & H_{12} \\ H_{21} & H_{22} \end{bmatrix} \begin{bmatrix} \dot{I}_1 \\ \dot{U}_2 \end{bmatrix} = H \begin{bmatrix} \dot{I}_1 \\ \dot{U}_2 \end{bmatrix}$$

其中，$H_{11} = \dfrac{\dot{U}_1}{\dot{I}_1}\bigg|_{\dot{U}_2=0}$，$H_{12} = \dfrac{\dot{U}_1}{\dot{U}_2}\bigg|_{\dot{I}_1=0}$，$H_{21} = \dfrac{\dot{I}_2}{\dot{I}_1}\bigg|_{\dot{U}_2=0}$，$H_{22} = \dfrac{\dot{I}_2}{\dot{U}_2}\bigg|_{\dot{I}_1=0}$

称为二端口的 H 参数。

定义：$H = \begin{bmatrix} H_{11} & H_{12} \\ H_{21} & H_{22} \end{bmatrix}$。$H$ 称为 H 参数矩阵。

四个参数是可以互相转换的。具体转换关系参见教科书。

3. 无源线性二端口的等效电路

任何一个无源线性二端口网络可以用由三个阻抗（或导纳）组成的 T 形或 π 形等效电路，如图 18-3、图 18-4 所示。

图 18-3　T 形等效电路　　　图 18-4　π 形等效电路

如果给定二端口网络的 Z 参数，则 T 形等效电路的参数为：

$$Z_1 = Z_{11} - Z_{12}, \quad Z_2 = Z_{12}, \quad Z_3 = Z_{22} - Z_{12}$$

如果给定二端口网络的 Y 参数，则 π 形等效电路的参数为：

$$Y_1 = Y_{11} + Y_{12}, \quad Y_2 = - Y_{12} = - Y_{21}, \quad Y_3 = Y_{22} + Y_{21}$$

（二）实验电路设计方法

1. 实验电路设计

实验电路设计按照图 18-5 所示流程进行。

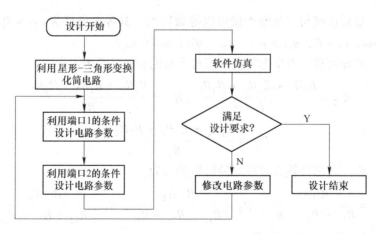

图 18-5　实验电路设计流程

首先利用星形-三角形变换化简电路，然后根据端口 1 给定的条件确定端口 1 相关的电阻，根据端口 2 给定的条件确定端口 2 相关的电阻。在选择电阻完成后，要计算各支路电流和电阻的功率，一般选择功率比计算值略大一些。

2. 电阻的星形-三角形变换

在电路分析中，除了经常会遇到电阻的串并联外，还会遇到星、三角形连接。用简单的电阻的并联已无法简化，必须用星、三角形转换才能化简。图 18-6 所示为星形连接，也称 T 形连接；图 18-7 所示为三角形连接，也称 π 形连接。

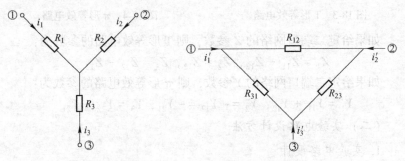

图 18-6　电阻的 Y 接线　　　　　图 18-7　电阻的 △ 接线

星形连接与三角形连接可以等效转换。其等效条件为：$i_1 = i'_1$，$i_2 = i'_2$，$i_3 = i'_3$；$u_{12} = u'_{12}$，$u_{23} = u'_{23}$，$u_{31} = u'_{31}$。

推导可得，由星形转换为三角形时的转换关系为：

$$R_{12} = \frac{R_1 R_2 + R_2 R_3 + R_3 R_1}{R_3}, \quad R_{23} = \frac{R_1 R_2 + R_2 R_3 + R_3 R_1}{R_1}$$

$$R_{31} = \frac{R_1 R_2 + R_2 R_3 + R_3 R_1}{R_2}$$

由三角形转换为星形时的转换关系为：

$$R_1 = \frac{R_{31} R_{12}}{R_{12} + R_{23} + R_{31}}, \quad R_2 = \frac{R_{12} R_{23}}{R_{12} + R_{23} + R_{31}}, \quad R_3 = \frac{R_{23} R_{31}}{R_{12} + R_{23} + R_{31}}$$

3. 实验电路的测量

完成电路设计后，连接实验电路，然后根据各个参数的定义设计测量表格，测量各个参数。测量时，要注意外加电压不要过高，每个电阻的功率不要超过电阻的额定功率，否则会烧坏电阻。

六、实验报告要求

（1）写出实验名称、班级、姓名、学号、同组人员等基本信息。

（2）写出实验的目的和意义。

（3）写出实验使用的仪器设备名称及材料数量（清单）。

（4）写出根据实验内容与任务完成的实验电路的设计方案及方案论证，并写出设计过程与步骤，以及对实验电路参数进行计算与选择和对实验电路进行的仿真分析。

（5）整理实验数据表格，并与计算值进行比较，说明误差原因。

（6）写出对实验的自我评价。总结实验的心得体会并提出建议。

七、思考题

（1）用二端口网络概念分析电路的方法与以前一般的电路分析方法有何区别？

（2）对于交流电路，如何测量二端口网络？

实验十九　感应式仪表——电度表的检定

综合性实验（计划学时：4 学时）

一、实验目的

（1）熟悉单相交流电度表的结构原理。

（2）掌握电度表的接线方法。

（3）掌握电度表的检定方法与误差计算方法。

二、仪器设备

电工电子系统实验装置。

三、原理与说明

感应式仪表是根据交变磁场在金属中产生感应电流从而产生转动力矩的基本原理而工作的仪表，其最普遍的应用是测量交流电路中的电能。单相电度表是感应式仪表的基本形式。

（一）单相电度表的组成

单相电度表主要由驱动元件、转动元件、制动元件和积算机构组成。

（1）驱动元件：这是产生交变磁场的基本部件，由很细导线绕在铁心上的电压线圈和用较粗导线绕在另一铁心上的电流线圈组成，两块电磁铁上下排列。

（2）转动元件：这是一个铝制圆盘（转盘），驱动电磁铁的交变磁通穿过铝盘，在盘上就会感应出电流。由于特殊的空间磁场分布，使铝盘中感应的电流与磁场互相作用，产生转动力矩。

（3）制动元件：由永久磁铁制成，其作用是在铝盘转动时产生制动力矩（类似于指示仪表中的反作用力矩），使铝盘转速与负载的功率成正比。

（4）积算机构：由一系列齿轮组成，用以直接进行记录电能的读数，一般称计度器。

（二）单相电度表的工作原理

如图 19-1 所示，将电压线圈并接于电源，电流线圈与电表负载串联。当电表接入电路中时，其电压线圈与电流线圈同时有电流通过，两线圈都会产生磁通。其中电流线圈产生的磁通从不同位置两次穿过转盘，这相当于有大小相等而方向相反的两个电流工作磁通，再加上电压线圈工作磁通，便构成了广泛采用的"三磁通型电度表"。由于电压线圈的匝数多，线径细，其电感量很大，故电压线圈中的电流相位近似滞后于电流线圈流过的电流相位 90°（设负载的功率因数为 1）。这样将会有三部分相位角相互隔 90°，且不同空间位置的磁通穿过转盘。由于电压、电流线圈穿过转盘的工作磁通呈周期性变化，则产生移动的磁场和转动转盘的力矩。

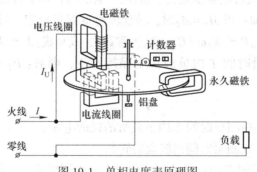

图 19-1　单相电度表原理图

由于 Φ_{I} 与 Φ_{U} 是由电流线圈中负载电流 I 与电压线圈中电流 I_{U} 产生的，并且 Φ_{I} 与 I 同相，Φ_{U} 与 U 同相，所以平均转矩也可写成：

$$M_{\mathrm{P}} = K\Phi_{\mathrm{I}}\Phi_{\mathrm{U}}\sin\psi = K'I I_{\mathrm{U}}\sin\psi$$

$$I_{\mathrm{U}} = U/X_{\mathrm{L}}$$

式中　U——电压线圈两端电压，即负载电压；

　　　X_{L}——电压线圈电抗，可认为是不变量；

　　　ψ——电流产生的磁通与电压产生的磁通的相位差；

　　　Φ——U 与 I 间的相位差。

如果在设计电度表时（如图 19-2 所示），使得 U 与 I_{U} 之间位差保持 90°，则有：$\varphi = 90° - \psi$。

于是有：

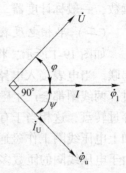

$M_P = K\Phi_I\Phi_U\sin\psi = K'I_U\sin\psi = K''I_U\sin\varphi = C_M P$

式中，C_M 为常数；P 为负载功率。

　　这样，电度表中平均力矩是与负载功率成正比的，即负载功率越大，转盘转速越快。如果没有制动力矩，则铝盘会在 M_P 的作用下逐渐加速。因此，在转盘边缘放置一个永久磁铁，转盘（转盘是导体）转动切割永久磁铁产生感应电流，此感应电流与永久磁铁本身的磁通相互作用产生转动力矩，而且转盘

图 19-2　U 与 I_U 之间的相位关系

转得越快，感应电流越大，产生的制动力矩也越大。可以证明，制动力矩 M_T 与转盘转速 ω 成正比。这样，当在 M_P 作用下转盘加速转动时，M_T 也随之增加；当 $M_P = M_T$ 时，转盘转速 ω 保持稳定。所以，在 $M_P = M_T$ 时，有：$C_M P = K_T\omega$（C_M、K_T 为常数），或写成：$P = K_P\omega$。

　　如在测量时间 T 内负载功率保持不变，则有：$P_T = K_P\omega T$，或写成：

$$W = K_P n$$

式中　W——在测量时间 T 内负载所消耗的电能；

　　　n——在测量时间内转盘的转数。

　　如果在时间 T 内负载功率变化时上式也同样成立，即：

$$W = \int_0^T P dt = \int_0^T \omega dt = K_P n$$

通常 K_P 的倒数用 C 表示，即：$C = 1/K_P = n/W$。C 的单位是 r/（kW·h），称电度表常数，一般在电度表表面上标明。

　　电能是消耗的功率在时间上的累积。随着电能的不断增长（也就是随着时间推移）而转盘不断转动，才能反映出电能积累的总数值。因此，电度表的指示器是一个"积算机构"，将活动部分的转数通过齿轮传动机构折换成被测电能的数值，由一系列齿轮上的数字直接指示出来。

　　感应式电度表由于存在上下轴承之间、计度器齿轮之间、转盘蜗

杆与齿轮啮合之间的摩擦以及电流铁心磁导率的非线性等作用,阻碍着转盘的转动,使电度表出现负误差。特别是轻负载时,表现得更加明显。为了补偿上述因素引起的负误差,在电度表的结构中设置轻负载调整装置,用以产生与驱动力矩方向相同的附加力矩,补偿上述因素引起的误差,称为补偿力矩。如图 19-3 所示,在电压磁极下面设置铜片 A 芯,由于铜片的作用,使电压线圈产生的磁通有一部分相位产生偏移,两部分磁通有一个相位差,可以证明,补偿力矩为:

$$M_B = K_B U^2 \sin\alpha_B$$

式中,α_B 为相位差;K_B 为补偿系数;U 为电源电压。

可以看出,补偿力矩与外加电压有关,只要电度表接上电压,不论电度表是否有负载电流,补偿力矩总是存在着。

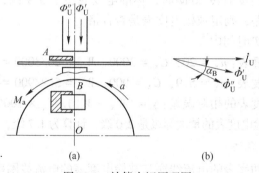

图 19-3 补偿力矩原理图

(三) 电度表的准确度检定 (检定电度表常数的误差)

电度表常数是电度表在某一时间内转盘转数 n 与负载所消耗的电能 W 之比,即:$C = n/W$。它表明每消耗一千瓦小时的电能转盘所应转过的转数。

电度表的准确度 γ 是指被校电能表的测量值 W_X 与实际电能值 W_A 之间的相对误差,即:$\gamma = (W_X - W_A)/W_A \times 100\%$。

检定电度表的准确度一般有两种方法:标准电度表对比法和功率表法 (又称瓦-秒法)。

1. 标准电度表对比法

将标准电度表的电流线圈与被检电度表的电流线圈串联,将标准电度表的电压线圈与被检电度表的电压线圈并联。标准电度表的电压线圈通过一个开关 K 控制。将两个串联后的电度表连接负载。先将开关 K 断开，使被检电度表转动，标准电度表停住转动；当被检电度表转盘的红点转到表面垂直的黑线处时，闭合开关 K，使标准电度表转动，同时开始记录转数。经过时间 T 后，让被检电度表转动 20 圈（$N_X = 20$），打开开关 K，停住标准电度表，记录此时标准电度表的转数（N_A）。则在时间 T 内，被检电度表测量的电能为：$W_X = (n_X/C_X)$，标准电度表测量的电能为：$W_A = (n_A/C_A)$。根据公式 $\gamma = (W_X - W_A)/W_A \times 100\%$，即可计算出被测电度表的准确度。

例 19-1　被检 DD28 型 2.0 级单相感应系电度表常数为 3000r/（kW·h），而 DB2 型 0.5 级单相标准电度表的常数为 900r/（kW·h）。当被检电度表转 20 圈时，标准电度表转了 5.9 圈，求被检电度表的相对误差，判定被检电度表是否合格。

解：在 T 时间内

被检电度表：$n_X = 20$，$C_X = 3000$，$W_X = 20/3000 = 0.0667$；

标准电度表：$n_X = 5.9$，$C_A = 900$，$W_A = 5.9/900 = 0.0655$；

被检电度表的相对误差：$\gamma = (W_X - W_A)/W_A \times 100\% = 1.7\%$。

因为被检电度表的精度等级是 2.0 级，计算为 1.7 级，所以合格。

2. 功率表法

将标准功率表的电流线圈与被检电度表的电流线圈串联，将标准功率表的电压线圈与被检电度表的电压线圈并联。将标准功率表与被检电度表串联后连接负载，并保持负载功率 P（W）不变。这样可计算出负载在时间 $T(s)$ 内消耗的电能：$W_A = PT$，被测电度表在时间 T 内测量的电能：$W_X = \dfrac{n_X}{C_X}T$。根据公式 $\gamma = (W_X - W_A)/W_A \times 100\%$，即可计算出被测电度表的准确度。

例 19-2　被检 DD28 型 2.0 级单相感应系电度表常数 3000r/（kW·h），负载为 100W 白炽灯，当被检电度表转 20 圈时，用时 239s，求被检电度表的相对误差，并判定被检电度表是否合格。

解：

被检电度表的：$n_X = 20$，$C_X = 3000$，$W_X = 20/3000 = 0.0667$；

功率表测量的：$W_A = 100 \times 10^{-3} \times \dfrac{239}{3600} = 0.0663$；

被检电度表的相对误差：$\gamma = (W_X - W_A)/W_A \times 100\% = 0.4\%$。

因为被检电度表的精度等级是 2.0 级，计算为 0.4 级，所以合格。

（四）电度表准确度的调整

如果单相电度表的准确度检定不合格，就需要对电度表进行调整，通常分为满负荷调整和轻负荷调整。

1. 满负荷调整

制动力矩的调整是在额定电压、额定电流、功率因数等于 1 的条件下进行的，称为满负荷调整。具体调整方法有两种：

一是改变作用力臂。如图 19-4 所示，在制动磁通量不变的条件下，转动或平移制动电磁铁的位置，从而改变作用力臂。

二是改变制动磁通量。可以转动磁铁，使其逐渐离开或接近转盘，以改变穿过转盘的制动磁通量；或者采用磁分路方法，即在磁铁上设置可移动的分磁铁片，使制动磁通量经分磁铁片形成分流。改变分磁铁片位置，就改变了磁通的分磁通量，也就是改变通过转盘的转动磁通量。

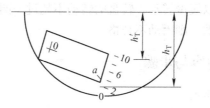

图 19-4 改变作用力臂示意图

2. 轻负荷调整

轻负荷指的是额定电流的 10%。电度表在轻负荷下可能会产生较大的负误差。在轻负荷时，主要是通过改变补偿力矩来补偿这个负误差。如图 19-5 所示，采用改变调整短路框片位置的方法来改善轻负荷误差。

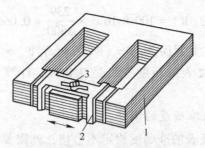

图 19-5　移动短路框片式的调整装置

1—电压线圈铁心；2—短路框片；3—调整螺丝

（五）灵敏度的检定

灵敏度是指电度表在额定电压、额定频率及 $\cos\varphi = 1$ 的条件下，调节负载电流从零均匀上升，直到铝盘开始不停地转动为止。能使电度表不停转动的电流与标定电流的百分比，称为电度表的灵敏度。此指标说明了电度表的装配质量与轴承摩擦力大小。一般电度表规定灵敏度应小于 0.5% 标定电流。

（六）潜动的检定

潜动是指负载等于零时（断开电流回路），调节输出电压为额定电压的 110% 时，观察电度表转盘是否转动（这个转动即为潜动）。一般允许转盘可以缓慢转动，转盘的转动不超过一圈为合格；如果转盘的转动超过一圈，则潜动不合格。

四、实验内容与步骤

（一）基本要求

1. 电度表的准确度检定

本实验采用功率法检定。按图 19-6 连接电路，负载电阻为 60W 白炽灯组。电压表和电流表作为监测用。接通电源，将调压器的输出电压调到 220V，接通负载电阻，当负载分别为 60W、120W、180W 时，读取电度表、电压表 V 及电流表 A。同时观察电度表，当转盘边上黑色标志正对前面时开始计时，当转盘转数为 20 转时停止计时。测量数据填入表 19-1。

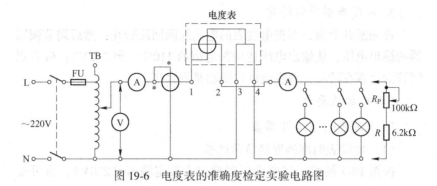

图 19-6　电度表的准确度检定实验电路图

表 19-1　测量电度表准确度数据表

负　载	转盘转数 n_X = 20 时的测量值				计算值		
	功率	电流	电压	时间	测量电能	计算电能	准确度
	P	I	U	T	W_X	W_A	γ
60W 负载							
120W 负载							
180W 负载							

说明：给定白炽灯的功率只是参考值，负载消耗的功率以实际测量为主。

2. 电度表的灵敏度检定

断开电源，将图 19-1 中的负载电阻换接一个 100kΩ 的可变电阻 R_P，与 6.2kΩ 的保护电阻串联在负载支路中。接通电源，保持电源电压为 220V，逐渐减小电阻值，观察电度表转盘开始不停转动时的最小电流值（I_{min}）。此电流与标定电流的百分比即为电度表的灵敏度，即：

$$S = I_{min}/I_N \times 100\%$$

考虑到电度表电压线圈阻抗的影响，会使该支路有较大的分流，故应将电流表串接在负载支路中。测量数据填入表 19-2 中。

表 19-2　测量电度表的灵敏度数据表

最小电流值 I_{min}	标定电流 I_N	灵敏度

3. 电度表潜动的检定

首先断开负载，即把电度表的电流线圈回路断开；然后调节调压器的输出电压，使输出电压达到额定值的110%（即242V）；最后观察转盘是否在转动，检定电度表潜动是否合格。

（二）扩展要求

1. 电度表的准确度调整

（1）电度表的准确度轻负荷调整。

按图19-1接线，调整调压器输出为额定输出（220V），将可变电阻 R_P 与6.2kΩ 的保护电阻串联的负载支路及白炽灯组负载并联作为电度表的负载。逐渐增加白炽灯负载并调整可变电阻 R_P，观察电流表使电流表达到电度表的额定值的10%。当转盘边上黑色标志正对前面时开始计时，当转盘转数为20转时停止计时。重复测量三次，测量数据填入表19-3中。

表19-3　电度表的准确度轻负荷调整数据表

轻负载	转盘转数 n_X = 20 时的测量值				计算值		
	功率 P	电流 I	电压 U	时间 T	测量电能 W_X	准确度 γ	测量电度表常数 C_C
第一次							
第二次							
第三次							

测量电度表常数可以根据式 $C_C = \dfrac{n_X}{PT} = \dfrac{20 \times 10^3 \times 3600}{PT}$ 得出。将测量电度表常数 C_C 与给定电度表常数进行比较，判断被测电度表的快慢。通过用改变调整短路框片位置的方法调整电度表轻负荷的准确度。说明：每调整一次后，要重新测量，逐渐改变位置，直到符合标准为止。

（2）电度表的准确度满负荷调整。

按图19-1接线，调整调压器输出为额定输出（220V），将可变电阻 R_P 与6.2kΩ 的保护电阻串联的负载支路及白炽灯组负载并联作为电度表的负载。逐渐增加白炽灯负载并调整可变电阻 R_p，观察电流表使电流表达到电度表的额定值。当转盘边上黑色标志正对前面时开始计时，当转盘转数为 50 转时停止计时。重复测量三次，测量数据填入表 19-4 中。

表 19-4　电度表的准确度满负荷调整数据表

额定负载	转盘转数 n_X = 50 时的测量值				计算值		
	功率 P	电流 I	电压 U	时间 T	测量电能 W_X	准确度 γ	测量电度表常数 C_C
第一次							
第二次							
第三次							

测量电度表常数可以根据式 $C_C = \dfrac{n_X}{PT} = \dfrac{50 \times 10^3 \times 3600}{PT}$ 得出。将测量电度表常数 C_C 与给定电度表常数进行比较，判断被测电度表的快慢。通过转动制动电磁铁的位置从而改变作用力臂的方法，调整电度表满负荷的准确度。说明：每调整一次后，要重新测量，逐渐改变位置，直到符合标准为止。

五、实验要求

（1）整理各组实验数据，并加以讨论说明。
（2）总结对电度表数据的认识。
（3）总结收获和体会。
（4）回答思考题。

六、思考题

如果接单相交流电度表的电源两端接反，会出现什么情况？

附　录

附录一　焊接的相关知识

焊接的概念：采用锡铅焊料进行焊接的称为锡铅焊，简称锡焊。其机理是：在锡焊的过程中，将焊料、焊件与铜箔置于焊接热的作用下，焊件与铜箔不熔化，焊料熔化并湿润焊接面，依靠焊件、铜箔两者间原子分子的移动，从而引起金属之间的扩散，形成在铜箔与焊件之间的金属合金层，并使铜箔与焊件连接在一起，就得到牢固可靠的焊接点。

（一）焊接工具

1. 电烙铁

电烙铁分为外热式电烙铁、内热式电烙铁和其他烙铁。

（1）外热式电烙铁。一般由烙铁头、烙铁芯、外壳、手柄、插头等部分所组成。烙铁头安装在烙铁芯内，用以热传导性好的铜为基体的铜合金材料制成。

（2）内热式电烙铁。由连接杆、手柄、弹簧夹、烙铁芯、烙铁头（也称铜头）五部分组成。烙铁芯安装在烙铁头的里面（发热快，热效率高达 85% 以上）。烙铁芯采用镍铬电阻丝绕在瓷管上制成。常用的内热式电烙铁的工作温度有 350℃、400℃、420℃、440℃、455℃等，而烙铁的功率有 20W、25W、45W、75W、100W 等几种。一般说来，电烙铁的功率越大，热量越大，烙铁头的温度越高。焊接集成电路、印制线路板、CMOS 电路时，一般选用 20W 内热式电烙铁。使用的烙铁功率越大，越容易烫坏元器件（一般二、三极管结点温度超过 200℃就会烧坏）和使印制板导线从基板上脱落；使用的烙铁功率太小，焊锡不能充分熔化，焊剂不能挥发出来，焊点不光滑、不牢固，易产生虚焊。焊接时间过长，也会烧坏器件，一般每个焊点在 1.5~4s 内完成。

（3）恒温电烙铁。恒温电烙铁是由手柄、发热丝、烙铁头、电源线、恒温控制器等部分组成。恒温电烙铁的烙铁头内，装有磁铁式的温度控制器（加热棒），来控制通电时间，实现恒温的目的。在焊接温度不宜过高、焊接时间不宜过长的元器件时，应选用恒温电烙铁。

（4）吸锡电烙铁。吸锡电烙铁是将活塞式吸锡器与电烙铁融于一体的拆焊工具，它具有使用方便灵活、使用范围宽等特点。不足之处是每次只能对一个焊点进行拆焊。

（5）气焊烙铁。这是一种用液化气、甲烷等可燃气体燃烧加热烙铁头的烙铁，适用于供电不便或无法供给交流电的场合。

2. 电烙铁使用注意事项

根据焊接对象合理选用不同类型的电烙铁。

使用过程中，不要任意敲击电烙铁头以免损坏。内热式电烙铁连接杆钢管壁厚度只有 0.2mm，不能用钳子夹以免损坏。在使用过程中，应经常维护，保证烙铁头挂上一层薄锡。

3. 锡料与焊剂

焊接时，还需要锡料和焊剂。

（1）锡料。锡料是一种易熔金属，它能使元器件引线与印制电路板的连接点连接在一起。锡（Sn）是一种质地柔软、延展性大的银白色金属，熔点为232℃，在常温下化学性能稳定，不易氧化，不失金属光泽，抗大气腐蚀能力强。铅（Pb）是一种较软的浅青白色金属，熔点为327℃。高纯度的铅耐大气腐蚀能力强，化学稳定性好，但对人体有害。锡中加入一定比例的铅和少量其他金属，可制成熔点低、流动性好、对元件和导线的附着能力强、机械强度高、导电性好、不易氧化、抗腐蚀性好、焊点光亮美观的焊料，一般称为焊锡。焊接电子元件时，一般采用有松香芯的丝状焊锡丝。这种焊锡丝熔点较低，而且内含松香助焊剂，使用方便。

（2）焊剂（助焊剂）。助焊剂一般可分为无机助焊剂、有机助焊剂和树脂助焊剂，能溶解去除金属表面的氧化物，并在焊接加热时包围金属的表面，使之与空气隔绝，防止金属在加热时氧化；可降低熔融焊锡的表面张力，有利于焊锡的湿润。通常采用的助焊剂是松香或松香水（将松香溶于酒精中）。使用助焊剂，有助于清除金属表面的氧化物，利于焊接，又可保护烙铁头。焊接较大元件或导线时，也可采用焊锡膏。它有一定腐蚀性，焊接后应及时清除残留物。

（二）手工焊接的基本操作步骤

1. 焊接方法

焊接方法分为焊接、检查、剪短。

（1）准备施焊。左手拿焊丝，右手握烙铁，进入备焊状态。要求烙铁头保持干净，无焊渣等氧化物，并在烙铁头上镀一层锡。焊接前，电烙铁要充分预热。烙铁头刃面上要吃锡，即带上一定量的焊锡。

（2）加热焊件。将烙铁头刃面紧贴在焊点处，加热整个焊件，时间大约1~2s。要注意使烙铁头同时接触两个被焊接物。

（3）送入焊丝。电烙铁与水平面大约成60°角，以便于熔化的锡从烙铁头上流到焊点上。焊件的焊接面被加热到一定温度时，焊锡丝从烙铁对面接触焊件。烙铁头在焊点处停留的时间控制在2~3s。

注意：不要把焊锡丝送到烙铁头上！

（4）移开焊丝。当焊丝熔化一定量后，立即向左上45°方向移开焊丝。

（5）移开烙铁。焊锡浸润焊盘和焊件的施焊部位以后，向右上45°方向移开烙铁，结束焊接；然后用偏口钳剪去多余的引线。从送焊丝到移开烙铁的时间为1~2s。

2. 焊接质量

焊接时，要保证每个焊点焊接牢固、接触良好，保证焊接质量。好的焊点，应是锡点光亮、圆滑而无毛刺，锡量适中；锡和被焊物融合牢固，不应有虚焊和假焊。虚焊是焊点处只被少量锡焊住，造成接触不良，时通时断。假焊是指表面上好像焊住了，但实际上并没有焊上，有时用手一拨，元件就从焊点中拔出。这两种情况会给电子器件的调试和检修带来极大的困难。焊接电路板时，一定要控制好时间。

3. 对焊点的基本要求

（1）焊点要有足够的机械强度，保证被焊件在受振动或冲击时不致脱落、松动。不能用过多焊料堆积，这样容易造成虚焊和焊点间的短路。

（2）焊接可靠，具有良好导电性，必须防止虚焊。虚焊是指焊料与被焊件表面没有形成合金结构，只是简单地依附在被焊金属表面上。

（3）焊点表面要光滑、清洁。焊点表面应有良好光泽，不应有毛刺、空隙；无污垢，尤其是焊剂的有害残留物质。要选择合适的焊料与焊剂。

附录二　电阻的相关知识

(一) 电阻器的主要参数

1. 电阻器的标称阻值和允许偏差

标称阻值是指电阻体表面上标志的电阻值,其单位为 Ω(对热敏电阻器,系指 25℃时的阻值)。

电阻器的实际阻值对于标称阻值所允许最大偏差范围,称为允许偏差。它标志着电阻器的阻值精度。一般允许偏差小的电阻器,其阻值精度就高,稳定性也好。

除特殊定制电阻外,电阻生产厂家是按照国家规定的电阻标称值进行生产的。电阻标称值常见有 1.0、1.1、1.2、1.3、1.5、1.6、1.8、2.0、2.2、2.4、2.7、3.0、3.3、3.6、3.9、4.3、4.7、5.1、5.6、6.2、6.8、7.5、8.2、9.1、乘以 10 的 n 次方。

2. 电阻器的额定功率

额定功率是指电阻器在直流或交流电路中,在一定大气压力下 (87~107kPa) 和在产品标准中规定的温度下 (−55~125℃不等),长期连续工作所允许承受的最大功率。电阻器的额定功率与环境温度关系很大,当环境温度高于规定值时,电阻器允许承受的功率直线下降,应降低负荷使用;当环境温度低于规定值时,电阻可满负荷使用。电阻器上消耗的功率可以用电阻器上通过的电流、电阻器两端的电压和阻值来计算。

除特殊定制电阻外,电阻生产厂家是按照国家规定的电阻标称功率进行生产的,功率标称值常见有 1/8W、1/4W、1/2W、1W、2W 等,一般选择功率比计算值略大一些。功率选择小了,会烧坏电阻;功率选择大了,体积大、价格高,不经济。

3. 电阻器的温度系数

电阻器的温度系数是表示电阻器热稳定性随温度变化的物理量。电阻器温度系数越大,其热稳定性越差。

4. 电阻器的电压系数

电阻器的阻值与其所加的电压有关,这种关系可以用电压系数表示。其指外加电压每改变 1V 时，电阻器阻值的相对变化量。电压系数表示了电阻器对外加电压的稳定程度。电压系数越大，电阻器的阻值对电压依赖性越强；反之则弱。

5. 电阻器的最大工作电压

电阻器的最大工作电压是指电阻器长期工作不发生过热或电击穿损坏等现象的电压。

（二）电阻器的标称值及精度色环标志法

色环标志法是用不同颜色的色环在电阻器表面标称阻值和允许偏差。

1. 两位有效数字的色环标志法

普通电阻器用四条色环表示标称阻值和允许偏差，其中三条表示阻值，一条表示偏差，如附图 2-1 和附表 2-1 所示。

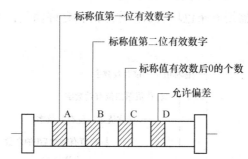

附图 2-1 四条色环表示标称阻值和允许偏差

附表 2-1 四条色环表示标称阻值和允许偏差

颜色	第一位有效数字（A）	第二位有效数字（B）	倍率（C）	允许偏差（D）
黑	0	0	10^0	
棕	1	1	10^1	
红	2	2	10^2	
橙	3	3	10^3	
黄	4	4	10^4	
绿	5	5	10^5	

颜色	第一位 有效数字（A）	第二位 有效数字（B）	倍率（C）	允许偏差（D）
蓝	6	6	10^6	
紫	7	7	10^7	
灰	8	8	10^8	
白	9	9	10^9	+50% -20%
金			10^{-1}	±5%
银			10^{-2}	±10%
无色				±20%

2. 三位有效数字的色环标志法

精密电阻器用五条色环表示标称阻值和允许偏差，如附图 2-2 和附表 2-2 所示。

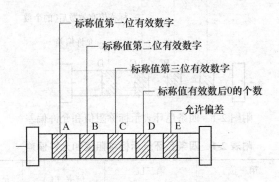

附图 2-2　五条色环表示标称阻值和允许偏差

附表 2-2　五条色环表示标称阻值和允许偏差

颜色	第一位 有效数字（A）	第二位 有效数字（B）	第三位 有效数字（C）	倍率 （D）	允许偏差 （E）
黑	0	0	0	10^0	
棕	1	1	1	10^1	±1%

续附表 2-2

颜色	第一位 有效数字（A）	第二位 有效数字（B）	第三位 有效数字（C）	倍率 （D）	允许偏差 （E）
红	2	2	2	10^2	±2%
橙	3	3	3	10^3	
黄	4	4	4	10^4	
绿	5	5	5	10^5	±0.5%
蓝	6	6	6	10^6	±0.25%
紫	7	7	7	10^7	±0.1%
灰	8	8	8	10^8	
白	9	9	9	10^9	
金				10^{-1}	
银				10^{-2}	

示例：

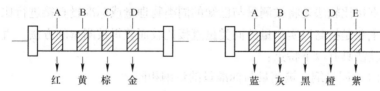

如：色环　A—红色；B—黄色；
　　　　C—棕色；D—金色；
则该电阻标称值及精度为：
$24 \times 10^1 = 240\Omega$　精度：±5%

如：色环　A—蓝色；B—灰色；
　　　　C—黑色；D—橙色；E—紫色；
则该电阻标称值及精度为：
$680 \times 10^3 = 680k\Omega$　精度：±0.1%

附录三　常用的测量方法

测量方法有许多种分类。按被测量取得方法来划分，有直接测量法、间接测量法和组合测量法；按测量过程是否随时间变化来划分，可分为静态测量法和动态测量法；按测量数据是否通过对基本量的测量而得到划分，可分为绝对测量和相对测量；按测量技术来划分，可分为比较法、补偿法、放大法、模拟法、转换法，等等。

（一）比较法

测量就是将被测物理量与一个被选作计量标准单位的同类物理量进行比较，找出被测量是计量单位多少倍的过程。比较法就是将被测量与标准量进行比较而得到测量值的方法。可见，所有的测量广义上来讲都属于比较测量。比较法是测量中最普遍、最基本、最常用的测量方法。比较法又分为直接比较法和间接比较法。

1. 直接比较法

直接比较法是将被测量与已知的同类物理量或标准量直接进行比较，主要是指与以实物量的同类量直接比较而获得被测量的方法。直接比较法具有以下特点：

（1）同量纲：被测量与标准量的量纲相同。

（2）同时性：被测量与标准量是同时发生的，没有时间的超前或滞后。

（3）直接可比：被测量与标准量可直接比较而得到被测量的值。

直接比较法的测量不确定度受测量仪器或量具自身测量不确定度的制约，因此，提高测量准确度的主要途径是减小仪器的测量误差。

2. 间接比较法

多数物理量难以制成标准量具，无法通过直接比较法来测量，可以利用物理量之间的函数关系，先制成与被测量有关的仪器或装置，再利用这些仪器或装置与被测物理量进行比较。这种借助于一些中间量，或将被测量进行某种变换，来间接实现比较测量的方法，称为间接比较法。

（二）放大法

在测量中，有时由于被测量很小，甚至无法被实验者或仪器直接感觉和反应，如果直接用给定的某种仪器进行测量，就会造成很大的误差。此时可以借助一些方法将待测量放大后再进行测量。放大法就是指将被测量进行放大的方法。

电信号的放大是物理实验中最常用的技术，包括电压放大、电流放大、功率放大等。例如，普遍使用的三极管就是对微小电流进行放大，示波器中也包含了电压放大电路。

（三）补偿法

补偿法就是在测量中，通过一个标准的物理量产生与待测物理量等量或相同的效应，用于补偿（或抵消）待测物理量的作用，使测量系统处于平衡状态，从而得到待测量与标准量之间的确定关系。

附录四　用万用电表对常用电子元器件进行检测

　　用万用表可以对二极管、三极管、电阻、电容等进行粗测。万用表电阻挡等值电路如附图4-1所示，其中的 R_0 为等效电阻，E_0 为表内电池。当万用表处于 R×1、R×100、R×1k 挡时，一般，$E_0 = 1.5V$；而处于 R×10k 挡时，$E_0 = 15V$。测试电阻时要注意：红色表笔接在表内电池负端（表笔插孔标"+"号），而黑色表笔接在正端（表笔插孔标以"–"号）。

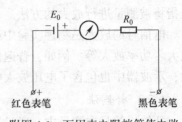

附图4-1　万用表电阻挡等值电路

　　（一）晶体二极管管脚极性、质量的判别

　　晶体二极管由一个 PN 结组成，具有单向导电性，其正向电阻小（一般为数百欧）而反向电阻大（一般为数十千欧至数百千欧），利用此点可进行判别。

　　1. 管脚极性判别

　　将万用表拨到 R×100（或 R×1k）的欧姆挡，把二极管的两只管脚分别接到万用表的两根测试笔上，如附图 4-1 所示。如果测出的电阻较小（约数百欧），则与万用表黑表笔相接的一端是正极，另一端就是负极；相反，如果测出的电阻较大（约数百千欧），那么与万用表黑表笔相连接的一端是负极，另一端就是正极。

　　2. 判别二极管质量的好坏

　　一个二极管的正、反向电阻差别越大，其性能就越好。如果双向阻值都较小，说明二极管质量差，不能使用；如果双向阻值都为无穷大，则说明该二极管已经断路；如双向阻值均为零，说明二极管已被击穿。

　　利用数字万用表的二极管挡也可判别正、负极（附图4-2），此时红表笔（插在"V·Ω"插孔）带正电，黑表笔（插在"COM"插孔）带负电。用两支表笔分别接触二极管两个电极，若显示值在 1V 以下，说明管子处于正向导通状态，红表笔接的是正极，黑表笔接的是负极；若显示溢出符号"1"，表明管子处于反向截止状态，黑表笔接的是正极，红表笔接的是负极。

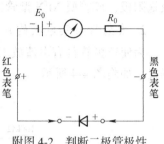

附图 4-2　判断二极管极性

（二）晶体三极管管脚、质量判别

可以把晶体三极管的结构看作是两个背靠背的 PN 结。对 NPN 型来说，基极是两个 PN 结的公共阳极；对 PNP 型管来说，基极是两个 PN 结的公共阴极。如附图 4-3 所示。

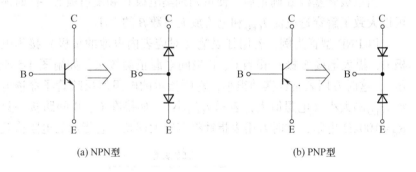

(a) NPN型　　　　　　　　　　　(b) PNP型

附图 4-3　晶体三极管结构示意图

1. 管型与基极的判别

万用表置电阻挡，量程选 1k 挡（或 R×100），将万用表任一表笔先接触某一个电极——假定的公共极，另一表笔分别接触其他两个电极。如两次测得的电阻均很小（或均很大），则前者所接电极就是基极；如两次测得的阻值一大一小、相差很多，则前者假定的基极有错，应更换其他电极重测。

根据上述方法，可以找出公共极。该公共极就是基极 B，若公共极是阳极，该管属 NPN 型管，反之则是 PNP 型管。

2. 发射极与集电极的判别

为使三极管具有电流放大作用，发射结需加正偏置，集电结加反偏置。如附图 4-4 所示。

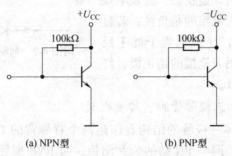

(a) NPN型　　　　　　(b) PNP型

附图 4-4　晶体三极管的偏置情况

当三极管基极 B 确定后，便可判别集电极 C 和发射极 E，同时还可以大致了解穿透电流 I_{CEO} 和电流放大系数 β 的大小。

以 PNP 型管为例，若用红表笔（对应表内电池的负极）接集电极 C，黑表笔接 E 极（相当 C、E 极间电源正确接法，如附图 4-5 所示），这时万用表指针摆动很小，它所指示的电阻值反映管子穿透电流 I_{CEO} 的大小（电阻值大，表示 I_{CEO} 小）。如果在 C、B 间跨接一只 $R_B = 100\text{k}\Omega$ 电阻，此时万用表指针将有较大摆动。它指示的电阻值较

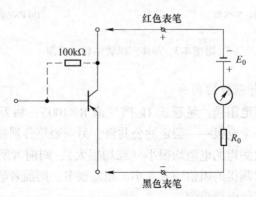

附图 4-5　晶体三极管集电极 C、发射极 E 的判别

小，反映了集电极电流 $I_C = I_{CEO} + \beta I_B$ 的大小，且电阻值减小愈多，表示 β 愈大。如果C、E极接反（相当于C-E间电源极性反接），则三极管处于倒置工作状态，此时电流放大系数很小（一般小于1），于是万用表指针摆动很小。因此，比较 C-E 极两种不同电源极性接法，便可判断 C 极和 E 极了，同时还可大致了解穿透电流 I_{CEO} 和电流放大系数 β 的大小。如万用表上有 h_{FE} 插孔，可利用 h_{FE} 来测量电流放大系数 β。

（三）检查整流桥堆的质量

整流桥堆是把四只硅整流二极管接成桥式电路，再用环氧树脂（或绝缘塑料）封装而成的半导体器件。桥堆有交流输入端（A、B）和直流输出端（C、D），如附图4-6所示。采用判定二极管的方法可以检查桥堆的质量。从图中可看出，交流输入端 A-B 之间总会有一只二极管处于截止状态，使 A-B 间总电阻趋向于无穷大。直流输出端 D-C 间的正向压降则等于两只硅二极管的压降之和。因此，用数字万用表的二极管挡测 A-B 的正、反向电压时，均显示溢出；而测 D-C 时，显示大约 1V，即可证明桥堆内部无短路现象。如果有一只二极管已经击穿短路，那么测 A-B 的正、反向电压时，必定有一次显示 0.5V 左右。

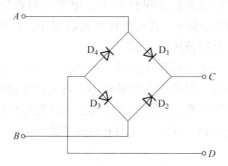

附图4-6　整流桥堆管脚及质量判别

（四）电容的测量

电容的测量，一般应借助于专门的测试仪器，通常用电桥。而用万用表仅能粗略地检查一下电解电容是否失效或漏电情况。测量电路如附图4-7所示。

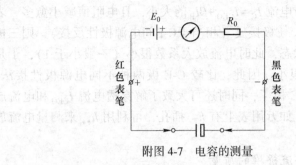

附图 4-7　电容的测量

测量前，应先将电解电容的两个引出线短接一下，使其上所充的电荷释放。然后将万用表置于 1k 挡，并将电解电容的正、负极分别与万用表的黑色表笔、红色表笔接触。在正常情况下，可以看到表头指针先是产生较大偏转（向零欧姆处），以后逐渐向起始零位（高阻值处）返回。这反映了电容器的充电过程，指针的偏转反映电容器充电电流的变化情况。

一般说来，表头指针偏转愈大，返回速度愈慢，则说明电容器的容量愈大；若指针返回到接近零位（高阻值），说明电容器漏电阻很大，指针所指示电阻值，即为该电容器的漏电阻。对于合格的电解电容器而言，该阻值通常在 500kΩ 以上。电解电容在失效时（电解液干涸，容量大幅度下降），表头指针就偏转很小，甚至不偏转。已被击穿的电容器，其阻值接近于零。

对于容量较小的电容器（云母、瓷质电容等），原则上也可以用上述方法进行检查，但由于电容量较小，表头指针偏转也很小，返回速度又很快，实际上难以对它们的电容量和性能进行鉴别，仅能检查它们是否短路或断路。这时应选用 R×10k 挡测量。

附录五　示波器原理及使用

(一) 示波器的基本结构

示波器的种类很多，但它们都包含下列基本组成部分，如附图 5-1 所示。

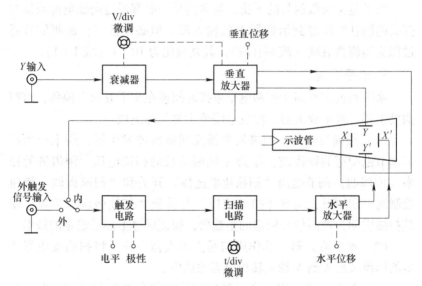

附图 5-1　示波器的基本结构框图

1. 主机

主机包括示波管及其所需的各种直流供电电路，在面板上的控制旋钮有：辉度、聚焦、水平移位、垂直移位等。

2. 垂直通道

垂直通道主要用来控制电子束按被测信号的幅值大小在垂直方向上的偏移。

它包括 Y 轴衰减器，Y 轴放大器和配用的高频探头。通常示波管的偏转灵敏度比较低，因此在一般情况下，被测信号往往需要通过 Y 轴放大器放大后加到垂直偏转板上，才能在屏幕上显示出一定幅度的波形。Y 轴放大器的作用提高了示波管 Y 轴偏转灵敏度。为了保证 Y

轴放大不失真，加到 Y 轴放大器的信号不宜太大。但是实际的被测信号幅度往往在很大范围内变化，此 Y 轴放大器前还必须加一 Y 轴衰减器，以适应观察不同幅度的被测信号。示波器面板上设有"Y 轴衰减器"（通常称"Y 轴灵敏度选择"开关）和"Y 轴增益微调"旋钮，分别调节 Y 轴衰减器的衰减量和 Y 轴放大器的增益。

对 Y 轴放大器的要求是：增益大，频响好，输入阻抗高。

为了避免杂散信号的干扰，被测信号一般都通过同轴电缆或带有探头的同轴电缆加到示波器 Y 轴输入端。但必须注意，被测信号通过探头幅值将衰减（或不衰减），其衰减比为 $10:1$（或 $1:1$）。

3. 水平通道

水平通道主要用于控制电子束按时间值在水平方向上偏移，由扫描发生器、水平放大器、触发电路等主要部件组成。

（1）扫描发生器。扫描发生器又叫锯齿波发生器，用来产生频率调节范围宽的锯齿波，作为 X 轴偏转板的扫描电压。锯齿波的频率（或周期）调节是由"扫描速率选择"开关和"扫速微调"旋钮控制的。使用时，调节"扫速选择"开关和"扫速微调"旋钮，使其扫描周期为被测信号周期的整数倍，保证屏幕上显示稳定的波形。

（2）水平放大器。其作用与垂直放大器一样，将扫描发生器产生的锯齿波放大到 X 轴偏转板所需的数值。

（3）触发电路。用于产生触发信号以实现触发扫描的电路。为了扩展示波器的应用范围，一般示波器上都设有触发源控制开关、触发电平与极性控制旋钮和触发方式选择开关等。

（二）示波器的二踪显示

1. 二踪显示原理

示波器的二踪显示是依靠电子开关的控制作用来实现的。

电子开关由"显示方式"开关控制，共有五种工作状态，即 Y_1、Y_2、Y_1+Y_2、交替、断续。当开关置于"交替"或"断续"位置时，荧光屏上便可同时显示两个波形。当开关置于"交替"位置时，电子开关的转换频率受扫描系统控制，工作过程如附图 5-2 所示。即电子开关首先接通 Y_2 通道，进行第一次扫描，显示由 Y_2 通道送入的被测信号的波形；然后电子开关接通 Y_1 通道，进行第二次扫描，显示由 Y_1 通道送入的被测信号的波形；接着再接通 Y_2 通道……。这样便轮流地对 Y_2 和 Y_1 两通道送入的信号进行扫描、显示，由于电子开关转换速度较快，每次扫描的回扫线在荧光屏上又不显示出来，借助于荧光屏的余辉作用和人眼的视觉暂留特性，使用者便能在荧光屏上同时观察到两个清晰的波形。这种工作方式适宜于观察频率较高的输入信号场合。

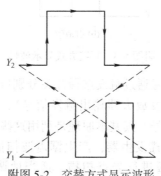

附图 5-2　交替方式显示波形

当开关置于"断续"位置时，相当于将一次扫描分成许多个相等的时间间隔。在第一次扫描的第一个时间间隔内，显示 Y_2 信号波形的某一段；在第二个时间间隔内，显示 Y_1 信号波形的某一段；以后各个时间间隔轮流地显示 Y_2、Y_1 两信号波形的其余段。经过若干次断续转换，使荧光屏上显示出两个由光点组成的完整波形，如附图 5-3（a）所示。由于转换的频率很高，光点靠得很近，其间隙用肉眼几乎分辨不出，再利用消隐的方法使两通道间转换过程的过渡线不显示出来，见附图 5-3（b），因而同样可达到同时清晰地显示两个波形的目的。这种工作方式适合于输入信号频率较低时使用。

2. 触发扫描

在普通示波器中，X 轴的扫描总是连续进行的，称为"连续扫描"。为了能更好地观测各种脉冲波形，在脉冲示波器中，通常采用"触发扫描"。采用这种扫描方式时，扫描发生器将工作在待触发状态。它仅在外加触发信号作用下，时基信号才开始扫描，否则便不扫

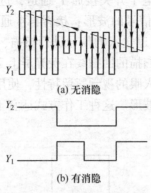

(a) 无消隐

(b) 有消隐

附图 5-3　断续方式显示波形

描。这个外加触发信号通过触发选择开关分别取自"内触发"（Y 轴的输入信号经由内触发放大器输出触发信号），也可取自"外触发"输入端的外接同步信号。其基本原理是利用这些触发脉冲信号的上升沿或下降沿来触发扫描发生器，产生锯齿波扫描电压，然后经 X 轴放大后送 X 轴偏转板进行光点扫描。适当地调节"扫描速率"和"电平"调节旋钮，能方便地在荧光屏上显示具有合适宽度的被测信号波形。

上面介绍了示波器的基本结构，下面结合使用介绍电子技术实验中常用的 CA8020 型双踪示波器。

（三）CA8020 型双踪示波器

1. 概述

CA8020 型示波器为便携式双通道示波器。本机垂直系统具有 0～20MHz 的频带宽度和 5mV/DIV～5V/DIV 的偏转灵敏度，配以 10∶1探极，灵敏度可达 5V/DIV；在全频带范围内可获得稳定触发，触发方式设有常态、自动、TV 和峰值自动，尤其峰值自动给使用带来了极大的方便；内触设置了交替触发，可以稳定地显示两个频率不相关的信号；水平系统具有 0.5s/DIV～0.2μs/DIV 的扫描速度，并设有扩展×10，可将最快扫描速度提高到 20ns/DIV。

2. 面板控制件介绍

CA8020 面板图如附图 5-4 所示，面板功能见附表 5-1。

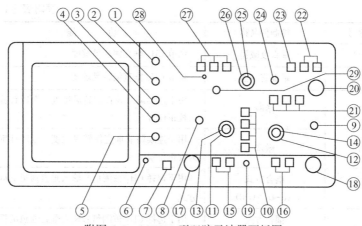

附图 5-4　CA8020 型双踪示波器面板图

附表 5-1　CA8020 型双踪示波器面板功能表

序号	控制件名称	功　　能
1	亮度	调节光迹的亮度
2	辅助聚焦	与聚焦配合，调节光迹的清晰度
3	聚焦	调节光迹的清晰度
4	迹线旋转	调节光迹与水平刻度线平行
5	校正信号	提供幅度为 0.5V，频率为 1kHz 的方波信号，用于校正 10：1 探极的补偿电容器和检测示波器垂直与水平的偏转因数
6	电源指示	电源接通时，灯亮
7	电源开关	电源接通或关闭
8	CH_1 移位 PULL　CH_1-X　CH_2-Y	调节通道 1 光迹在屏幕上的垂直位置，用作 X-Y 显示
9	CH_2 移位 PULL　INVERT	调节通道 2 光迹在屏幕上的垂直位置，在 ADD 方式时使 CH_1+CH_2 或 CH_1~CH_2
10	垂直方式	CH_1 或 CH_2：通道 1 或通道 2 单独显示； ALT：两个通道交替显示； CHOP：两个通道断续显示，用于扫速较慢时的双踪显示； ADD：用于两个通道的代数和或差

续附表 5-1

序号	控制件名称	功　　能
11	垂直衰减器	调节 CH$_1$ 垂直偏转灵敏度
12	垂直衰减器	调节 CH$_2$ 垂直偏转灵敏度
13	微调	用于连续调节垂直偏转灵敏度，顺时针旋足为校正位置
14	微调	用于连续调节垂直偏转灵敏度，顺时针旋足为校正位置
15	耦合方式（AC-DC-GND）	用于选择 CH$_1$ 被测信号输入垂直通道的耦合方式
16	耦合方式（AC-DC-GND）	用于选择 CH$_2$ 被测信号输入垂直通道的耦合方式
17	CH$_1$　OR　X	被测信号的输入插座
18	CH$_2$　OR　Y	被测信号的输入插座
19	接地（GND）	与机壳相联的接地端
20	外触发输入	外触发输入插座
21	内触发源	用于选择 CH$_1$、CH$_2$ 或交替触发
22	触发源选择	用于选择触发源为 INT（内），EXT（外）或 LINE（电源）
23	触发极性	用于选择信号的上升或下降沿触发扫描
24	电平	用于调节被测信号在某一电平触发扫描
25	微调	用于连续调节扫描速度，顺时针旋足为校正位置
26	扫描速率	用于调节扫描速度
27	触发方式	常态（NORM）：无信号时，屏幕上无显示；有信号时，与电平控制配合显示稳定波形。自动（AUTO）：无信号时，屏幕上显示光迹；有信号时，与电平控制配合显示稳定波形。电视场（TV）：用于显示电视场信号。峰值自动（P-P AUTO）：无信号时，屏幕上显示光迹；有信号时，无须调节电平即能获得稳定波形显示

序号	控制件名称	功　　能
28	触发指示	在触发扫描时，指示灯亮
29	水平移位 PULL×10	调节迹线在屏幕上的水平位置拉出时扫描速度被扩展 10 倍

3. 操作方法

（1）电源检查。CA8020 双踪示波器电源电压为 220V±10%。接通电源前，检查当地电源电压，如果不相符合，则严格禁止使用！

（2）面板一般功能检查。

1）将有关控制件按下表置位。

控制件名称	作用位置	控制件名称	作用位置
亮　度	居中	触发方式	峰值自动
聚　焦	居中	扫描速率	0.5ms/div
位　移	居中	极　性	正
垂直方式	CH_1	触发源	INT
灵敏度选择	10mV/div	内触发源	CH_1
微　调	校正位置	输入耦合	AC

2）接通电源，电源指示灯亮，稍预热后，屏幕上出现扫描光迹，分别调节亮度、聚焦、辅助聚焦、迹线旋转、垂直、水平移位等控制件，使光迹清晰并与水平刻度平行。

3）用 10：1 探极将校正信号输入至 CH_1 输入插座。

4）调节示波器有关控制件，使荧光屏上显示稳定且易观察方波波形。

5）将探极换至 CH_2 输入插座，垂直方式置于"CH_2"，内触发源置于"CH_2"，重复 4）操作。

（3）垂直系统的操作。

1）垂直方式的选择。当只需观察一路信号时，将"垂直方式"开关置"CH_1"或"CH_2"，此时被选中的通道有效，被测信号可从通道端口输入。当需要同时观察两路信号时，将"垂直方式"开关置"交替",该方式使两个通道的信号被交替显示,交替显示的频率受扫描周期控制。当扫速低于一定频率时,交替方式显示会出现闪烁,此时应将开关置于"断续"位置。当需要观察两路信号代数和时,将"垂直方式"开关置于"代数和"位置,在选择这种方式时,两个通道的衰减设置必须一致:CH_2 移位处于常态时,为 CH_1+CH_2;CH_2 移位拉出时,为 CH_1-CH_2。

2)输入耦合方式的选择。

直流(DC)耦合:适用于观察包含直流成分的被测信号,如信号的逻辑电平和静态信号的直流电平,当被测信号的频率很低时,也必须采用这种方式。

交流(AC)耦合:信号中的直流分量被隔断,用于观察信号的交流分量,如观察较高直流电平上的小信号。

接地(GND):通道输入端接地(输入信号断开),用于确定输入为零时光迹所处位置。

3)灵敏度选择(V/div)的设定。按被测信号幅值的大小选择合适挡级。"灵敏度选择"开关外旋钮为粗调,中心旋钮为细调(微调),微调旋钮按顺时针方向旋足至校正位置时,可根据粗调旋钮的示值(V/div)和波形,在垂直轴方向上的格数读出被测信号幅值。

(4)触发源的选择。

1)触发源选择。当触发源开关置于"电源"触发时,机内 50Hz 信号输入到触发电路。当触发源开关置于"常态"触发时,有两种选择:一种是"外触发",由面板上外触发输入插座输入触发信号;另一种是"内触发",由内触发源选择开关控制。

2)内触发源选择。

"CH_1"触发:触发源取自通道1。

"CH_2"触发:触发源取自通道2。

"交替触发":触发源受垂直方式开关控制,当垂直方式开关置于"CH_1",触发源自动切换到通道1;当垂直方式开关置于"CH_2",触发源自动切换到通道2;当垂直方式开关置于"交替",触发源与通道1、通道2同步切换,在这种状态使用时,两个不相关的信号其频率不应相差很大，同时垂直输入耦合应置于"AC"，触发方式应置于"自动"或"常态"。当垂直方式开关置于"断续"和"代数和"时，内触发源选择应置于"CH$_1$"或"CH$_2$"。

（5）水平系统的操作。

1）扫描速度选择（t/div）的设定。按被测信号频率高低选择合适挡级，"扫描速率"开关外旋钮为粗调，中心旋钮为细调（微调），微调旋钮按顺时针方向旋足至校正位置时，可根据粗调旋钮的示值（t/div）和波形在水平轴方向上的格数读出被测信号的时间参数。当需要观察波形某一个细节时，可进行水平扩展×10，此时原波形在水平轴方向上被扩展 10 倍。

2）触发方式的选择。

"常态"：无信号输入时，屏幕上无光迹显示；有信号输入时，触发电平调节在合适位置上，电路被触发扫描。当被测信号频率低于 20Hz 时，必须选择这种方式。

"自动"：无信号输入时，屏幕上有光迹显示；一旦有信号输入时，电平调节在合适位置上，电路自动转换到触发扫描状态，显示稳定的波形，当被测信号频率高于 20Hz 时，最常用这一种方式。

"电视场"：对电视信号中的场信号进行同步，如果是正极性，则可以由 CH$_2$ 输入，借助于 CH$_2$ 移位拉出，把正极性转变为负极性后测量。

"峰值自动"：这种方式同自动方式，但无须调节电平即能同步，它一般适用于正弦波、对称方波或占空比相差不大的脉冲波。对于频率较高的测试信号，有时也要借助于电平调节，它的触发同步灵敏度要比"常态"或"自动"稍低一些。

3）"极性"的选择。用于选择被测试信号的上升沿或下降沿去触发扫描。

4）"电平"的位置。用于调节被测信号在某一合适的电平上启动扫描，当产生触发扫描后，触发指示灯亮。

4. 测量电参数

（1）电压的测量。

示波器的电压测量实际上是对所显示波形的幅度进行测量。测量时，应使被测波形稳定地显示在荧光屏中央，幅度一般不宜超过 6div，以避免非线性失真造成的测量误差。

1）交流电压的测量。

① 将信号输入至 CH_1 或 CH_2 插座，将垂直方式置于被选用的通道。

② 将 Y 轴"灵敏度微调"旋钮置校准位置，调整示波器有关控制件，使荧光屏上显示稳定、易观察的波形，则交流电压幅值 V_{p-p} = 垂直方向格数（div）×垂直偏转因数（V/div）。

2）直流电平的测量。

① 设置面板控制件，使屏幕显示扫描基线。

② 设置被选用通道的输入耦合方式为"GND"。

③ 调节垂直移位，将扫描基线调至合适位置，作为零电平基准线。

④ 将"灵敏度微调"旋钮置校准位置，输入耦合方式置"DC"，被测电平由相应 Y 输入端输入，这时扫描基线将偏移。读出扫描基线在垂直方向偏移的格数（div），则

被测电平 V = 垂直方向偏移格数（div）×垂直偏转因数（V/div）× 偏转方向（+或−）

式中，基线向上偏移取正号；基线向下偏移取负号。

（2）时间测量。

时间测量是指对脉冲波形的宽度、周期、边沿时间及两个信号波形间的时间间隔（相位差）等参数的测量。一般要求被测部分在荧光屏 X 轴方向应占 4~6div。

1）时间间隔的测量。对于一个波形中两点间的时间间隔的测量，测量时先将"扫描微调"旋钮置校准位置，调整示波器有关控制件，使荧光屏上波形在 X 轴方向大小适中，读出波形中需测量两点间水平方向格数，则时间间隔：

时间间隔 = 两点之间水平方向格数（div）× 扫描时间因数（t/div）

2）脉冲边沿时间的测量。上升（或下降）时间的测量方法和时间间隔的测量方法一样，只不过是测量被测波形满幅度的 10% 和

90%两点之间的水平方向距离，如附图 5-5 所示。

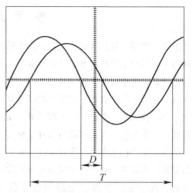

附图 5-5　上升时间的测量

用示波器观察脉冲波形的上升边沿、下降边沿时，必须合理选择示波器的触发极性（用触发极性开关控制）。显示波形的上升边沿用"+"极性触发，显示波形下降边沿用"–"极性触发。如波形的上升沿或下降沿较快，则可将水平扩展×10，使波形在水平方向上扩展 10 倍，则上升（或下降）时间：

$$上升（或下降）时间 = \frac{水平方向格数（div）× 扫描时间因数（t/div）}{水平扩展倍数}$$

3）相位差的测量。

① 参考信号和一个待比较信号分别输入"CH_1"和"CH_2"输入插座。

② 根据信号频率，将垂直方式置于"交替"或"断续"。

③ 设置内触发源至参考信号那个通道。

④ 将 CH_1 和 CH_2 输入耦合方式置"⊥"，调节 CH_1、CH_2 移位旋钮，使两条扫描基线重合。

⑤ 将 CH_1、CH_2 耦合方式开关置"AC"，调整有关控制件，使荧光屏显示大小适中、便于观察两路信号，如附图 5-6 所示。读出两波形水平方向差距格数 D 及信号周期所占格数 T，则相位差：$\theta = \dfrac{D}{T} × 360°$。

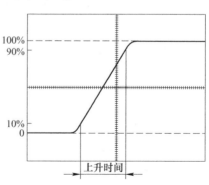

附图 5-6　相位差的测量

参 考 文 献

[1] 邱关源. 电路 [M]. 4 版. 北京：高等教育出版社，1999.

[2] 童诗白. 模拟电子技术基础 [M]. 3 版. 北京：高等教育出版社，2001.

[3] 闫石. 数字电子技术基础 [M]. 4 版. 北京：高等教育出版社，1988.

[4] 谢自美. 电子线路设计·实验·测试 [M]. 武汉：华中科技大学出版社，1988.

[5] 李书杰，侯国强. 电路实验教程 [M]. 北京：冶金工业出版社，2004.

[6] 刘耀年，蔡国伟. 电路实验与仿真 [M]. 北京：中国电力出版社，2006.

[7] 毕满清. 电子技术实验与课程设计 [M]. 北京：机械工业出版社，2005.

[8] 赵淑范，王宪伟. 电子技术实验与课程设计 [M]. 北京：清华大学出版社，2006.

[9] 吴霞，沈小丽，李敏. 电路与电子技术实验教程 [M]. 北京：机械工业出版社，2013.

[10] 党宏社. 电路、电子技术实验与电子实训 [M]. 2 版. 北京：电子工业出版社，2012.

[11] 邓泽霞. 电路电子实验教程 [M]. 北京：国防工业出版社，2014.

[12] 孟繁钢. 电路与电子技术实验指导书 [M]. 北京：冶金工业出版社，2017.

[13] 刘冬梅. 电路实验教程 [M]. 北京：机械工业出版社，2013.

[14] 孙浩，谭爱国，杨一波. 电路实验与仿真 [M]. 西安：西安电子科技大学出版社，2013.